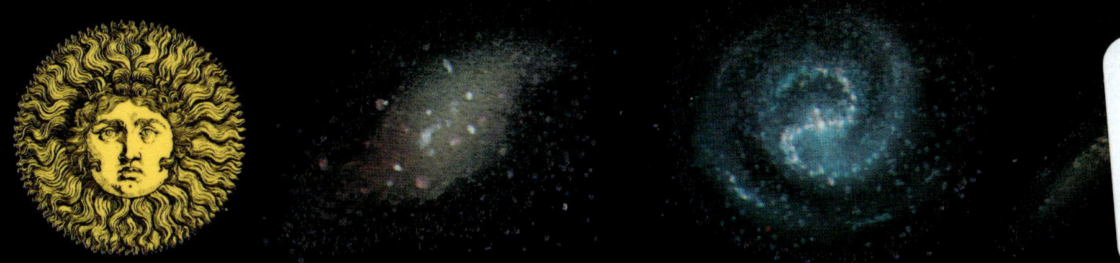

Le ciel par-dessus nos têtes

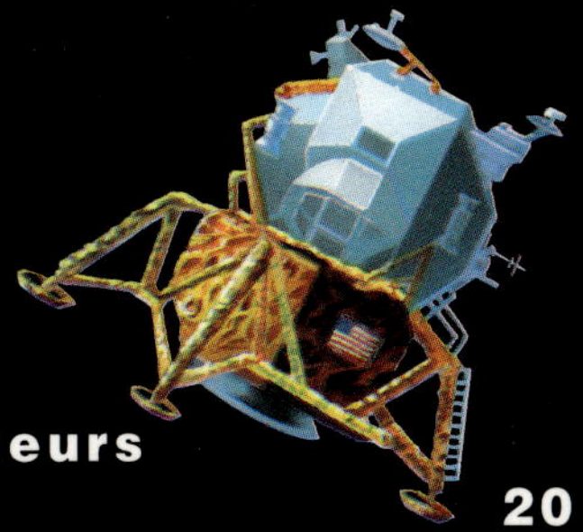

Sommaire

Dans la forêt des étoiles

Constellation du Lion

Les **étoiles*** sont fixes les unes par rapport aux autres. Mais nous ne les voyons pas toujours à la même place. C'est parce que nous tournons sur nous-mêmes et autour du Soleil que les étoiles semblent se déplacer dans le ciel, au long de la nuit et au cours des saisons. Comment les retrouver?

Carte ancienne du ciel

Il y a très longtemps, les hommes ont tracé des lignes imaginaires d'une étoile à l'autre et créé des dessins, les **constellations***. Le ciel était comme un livre d'histoires, peuplé de créatures fantastiques.

Constellation du Cancer ▲

En un an, le Soleil défile devant les 12 constellations du Zodiaque*. ▶

* En fin de volume, tu trouveras d'autres informations sur les mots signalés par un astérisque.

Des livres

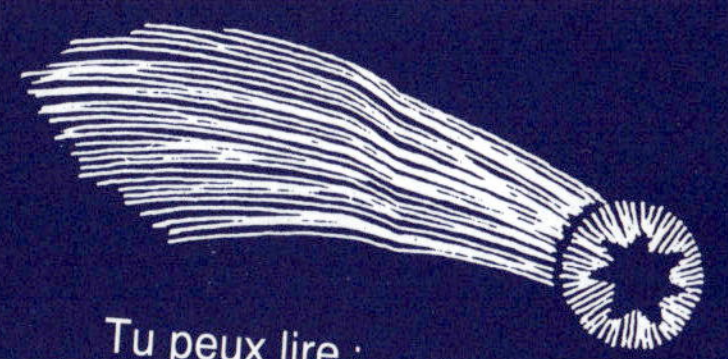

Tu peux lire :

Notre système solaire
Père Castor Flammarion

Vie et mort des étoiles
Père Castor Flammarion

Le Ciel, les étoiles et la nuit
Découverte Benjamin
Gallimard Jeunesse

Le livre du Ciel
Découverte Cadet
Gallimard Jeunesse

Objectif Univers
Echos Hachette

L'Univers
Réponses aux 7/9 ans -
Larousse

Regards sur l'espace
Editions du Sorbier

Découvrons l'Univers
Editions Usborne

Et aussi :

Le Grand Atlas de l'Astronomie
Encyclopaedia
Universalis Albin Michel

De la Terre à la Lune
Jules Verne
Folio Junior Gallimard

On a marché sur la Lune
Hergé, Casterman

Des adresses

Tu peux visiter :

Palais de la Découverte
Av. Franklin-Roosevelt,
75008 Paris

Cité des Sciences et de l'Industrie
Porte de la Villette,
75019 Paris

Pour connaître les observatoires les plus proches, écris à :

Observatoire de Paris
61, av.de l'Observatoire,
75014
Paris

Section d'astrophysique de Meudon, place Janssen, 92195 Meudon

Pour faire partie d'un club d'astronomie, écris à :

Association française d'Astronomie,
17, rue Emile-Deutsch-de-la-Meurthe
75014 Paris

Société astronomique de France, 3, rue Beethoven, 75016 Paris

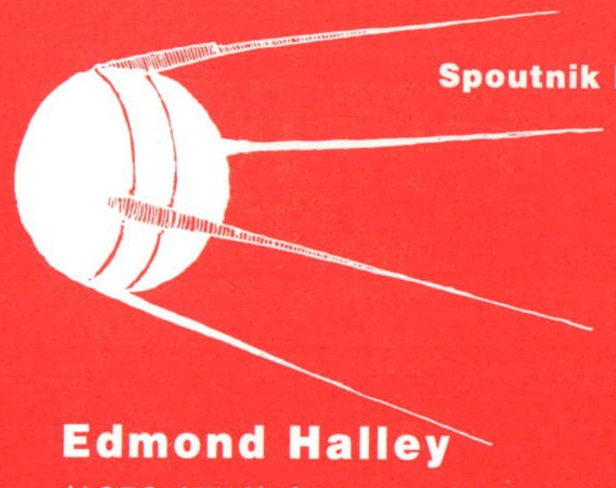

Spoutnik I (U.R.S.S. 1957)

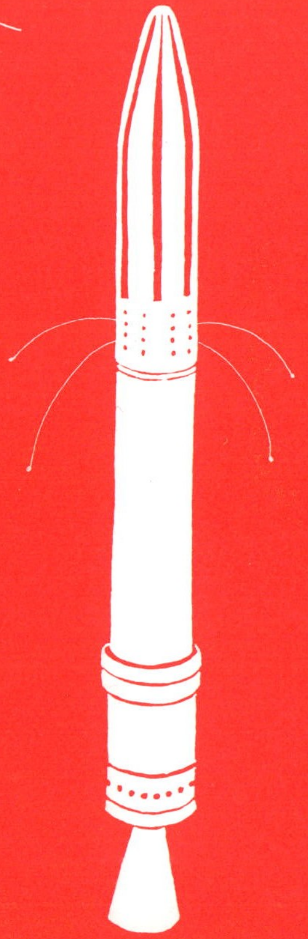

Explorer 1 (Etats-Unis 1958)

Edmond Halley
(1656-1742) Astronome anglais qui calcule l'orbite de la comète qui porte son nom, et le moment de son retour.

William Herschel
(1738-1822) Il découvre Uranus et 2 500 nébuleuses.

Lord William Rosse
(1800-1867) Avec son télescope de 1,80 m de diamètre et 16 m de long, il découvre la forme spirale de la galaxie des Chiens de chasse et montre qu'elle est formée, comme notre galaxie, de milliards d'étoiles.

Edwin Hubble
(1889-1953) Il découvre des galaxies au-delà de la Voie Lactée, qui toutes s'éloignent de nous, comme si l'Univers se dilatait sans cesse. Un télescope lancé actuellement dans l'espace porte son nom.

Neil Armstrong
Le premier homme à marcher sur la Lune y est resté deux heures et a parcouru soixante mètres.

Astronautes de la mission Mercury

Newton publie en 1704 un traité d'optique.

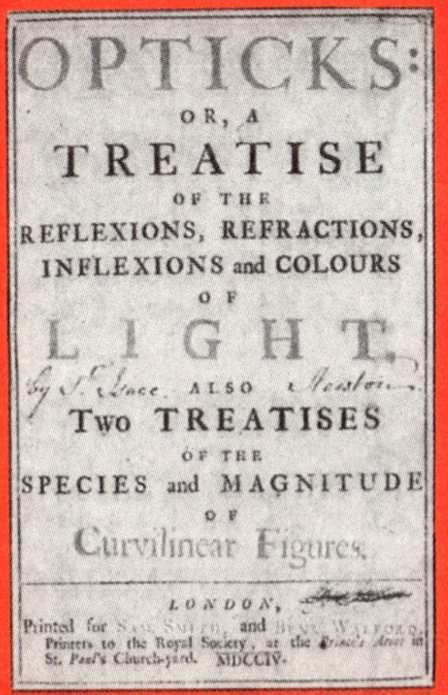
OPTICKS:
OR, A
TREATISE
OF THE
REFLEXIONS, REFRACTIONS,
INFLEXIONS and COLOURS
OF
LIGHT.
ALSO
Two TREATISES
OF THE
SPECIES and MAGNITUDE
OF
Curvilinear Figures.
LONDON,
Printers to the Royal Society
MDCCIV.

Johannes Kepler (1571-1630) Astronome allemand qui étudie le mouvement des planètes autour du Soleil. Il découvre qu'elles ne se déplacent pas sur des cercles comme on le croyait depuis les Grecs, mais sur des courbes aplaties que l'on appelle des ellipses.

Isaac Newton (1642-1727) L'un des plus grands savants de tous les temps, qui fonda l'astronomie moderne.

Il découvre la loi de l'attraction universelle, qui régit les mouvements de tous les corps. Pourquoi la Lune ne tombe-t-elle pas sur la Terre comme le fait une pomme qui tombe d'un arbre ? Parce qu'à chaque instant, la Lune tombe vers la Terre, mais qu'aussi, à chaque instant, elle est prête à partir tout droit dans l'univers, comme la pierre d'une fronde qu'on libère.

La somme de ces deux mouvements la fait tourner sans fin autour de la Terre ! Newton découvre aussi que la lumière du soleil est composée d'une foule de lumières colorées.

Lunette

Il construit le premier télescope, un instrument qui détrônera la lunette.

Télescope

Les savants du ciel

L'astronomie est une science très ancienne.
Très tôt les hommes ont tenté de comprendre la succession des jours et des nuits, les saisons, la marche des planètes dans le ciel, les éclipses. Cette science naissante était accompagnée de **légendes** merveilleuses. Pour les Grecs, un homme, Atlas, portait le monde sur son dos. Le Soleil était une torche qui s'allumait le matin et s'éteignait le soir.

L'astronomie est une science d'observation.
Les astronomes peuvent regarder les astres, ils ne peuvent pas les modifier. Leur rayonnement visible et invisible est le seul message dont ils disposent. Il permet de connaître la position des astres dans le ciel, la distance, la pression, la température, l'âge, la composition chimique…

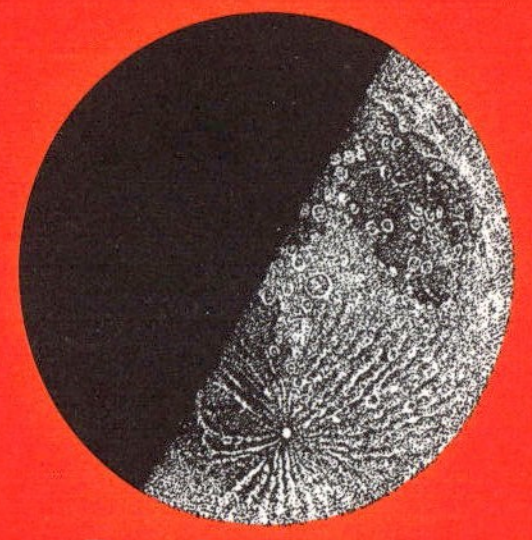
Premier quartier

Lune gibbeuse

Pleine lune

Lune gibbeuse

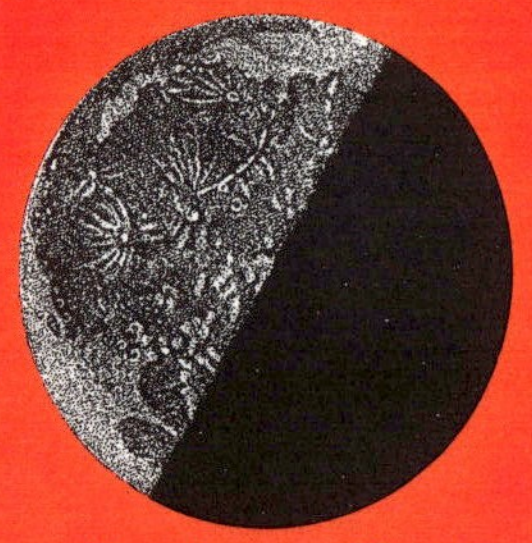
Dernier quartier

Les phases de la Lune, selon un dessin du 19e siècle

Grecs
Peuple de l'Antiquité qui, à partir du 4e siècle avant J.-C., a fait de l'astronomie une science.

Eratosthène
Il y a un peu plus de 2200 ans, ce Grec mesura le premier le tour de la Terre.

Hipparque
Grec qui, au 2e siècle avant J.-C., compose le premier catalogue d'étoiles. Aujourd'hui, le satellite envoyé pour établir la carte du ciel s'appelle Hipparcos.

Ptolémée
(env. 90-168 apr. J.-C.) Grec, auteur de l'«Almageste» : il y rassemble toutes les connaissances de l'astronomie grecque antique. Pour lui, le monde est enfermé dans une sphère à laquelle les étoiles sont attachées. Au centre, immobile, se tient la Terre. Si les étoiles tournent sans cesse, si les planètes, le Soleil et la Lune vagabondent parmi elles, c'est parce que le ciel tourne autour de la terre!

Nicolas Copernic
(1473-1543) Astronome polonais qui fit du Soleil le centre du monde. Le monde reste enfermé dans une sphère mais le Soleil est immobile au centre. La Terre devient une planète comme les autres, elle tourne sur elle-même en un jour et fait le tour du Soleil en un an.

Tycho Brahe
(1546-1601) Dernier des grands astronomes à regarder le ciel à l'œil nu. Il construit le premier observatoire qu'il baptise le château du ciel. Il observe les mouvements de Mars.

Galilée
(Galileo Galilei, dit) (1564-1642) En 1609, ce savant italien regarde pour la première fois le ciel avec une lunette. Il soutient les idées de Copernic.

Tycho Brahe et son système

Une horloge dans le ciel

Voici comment un astronome* utilisait un nocturlabe, au 16e siècle, pour chercher l'heure dans le ciel.

L'étoile Polaire* est la seule étoile* qui nous paraît immobile au-dessus de nos têtes, parce qu'elle est alignée avec l'axe de rotation* de la Terre. Elle indique toujours le Nord. Toutes les étoiles semblent tourner autour d'elle. L'étoile Polaire a guidé les voyageurs pendant des milliers d'années. Les navigateurs s'orientaient la nuit grâce à elle et à certaines constellations comme la **Grande Ourse***. Celle-ci fait en vingt-quatre heures le tour complet de l'étoile Polaire. Sa position dans le ciel permet donc de connaître l'heure la nuit.

Enluminure du 15e siècle représentant le mois de février

La Lune, notre voisine

Les phases de la Lune se répètent environ tous les 29 jours.

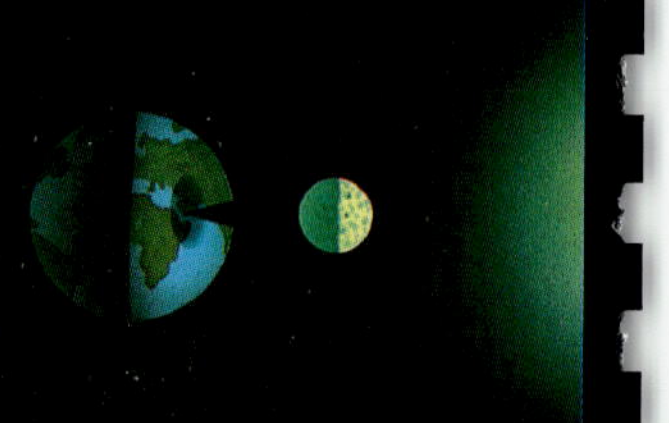

1. Nouvelle Lune. Elle est invisible. Elle est au plus haut, il est midi.
2. Premier croissant. Une partie devient visible. Il est 19 h.

La **Lune*** est l'astre* qui éclaire nos nuits. Elle tourne autour de la Terre, et la suit dans sa course autour du Soleil*. C'est notre satellite*. Tandis qu'elle fait un tour de Terre, elle fait aussi un tour sur elle-même, nous montrant toujours la même face. Mais, vue de la Terre, elle n'a pas la même forme chaque nuit. Ce sont ses phases. Pourquoi change-t-elle? Si la Lune brillait par elle-même, nous verrions toujours une boule lumineuse. Mais elle reflète la lumière du Soleil et tourne autour de la Terre, elle est donc éclairée chaque nuit différemment.

Schéma d'une éclipse de lune : la Lune passe dans l'ombre de la Terre.

3. Lune bossue. Les 3/4 sont éclairés. Elle est au plus haut, il est 3 h du matin.
4. Dernier quartier. Elle revient peu à peu dans l'ombre. Il est 2 h.

Dans la Lune

Autrefois, on croyait voir sur la Lune un homme portant sur son dos un fagot. Pour les Chinois et les Mexicains, la Lune est habitée par un lièvre. Et toi, que vois-tu? Un visage, un animal?

La Lune s'éclipse

Lorsque la Terre est bien alignée entre la Lune et le Soleil, au moment de la pleine lune, il arrive que la Lune entre dans l'ombre de la Terre. Elle disparaît peu à peu, puis réapparaît lentement : c'est une éclipse*.

Pleine lune

Quand la Terre se trouve entre le Soleil et la Lune, que voyons-nous?

Nous voyons, tout entière, la partie de la Lune éclairée par le Soleil. Elle est ronde. C'est la pleine lune.

Lever de Lune

La Lune n'est pas à l'heure! Chaque soir, son lever retarde de cinquante minutes.

Lune menteuse

Comment savoir si la Lune croît ou décroît? Quand elle **c**roît, elle forme un **D**, quand elle **d**écroît, elle forme un **C**!

La mer bouge

La Lune est si proche de nous que sa masse attire l'eau des océans, provoquant les marées. L'eau monte et descend à mesure que la Lune tourne autour de la Terre.

Marcher sur la Lune!

Autrefois, les hommes n'avaient que leurs yeux pour la regarder. En l'observant à travers une lunette*, ils ont découvert les détails de sa surface. Ils appelèrent les taches sombres océan des Tempêtes ou mer de la Tranquillité. En réalité ce ne sont pas de véritables mers mais des plaines couvertes de lave.

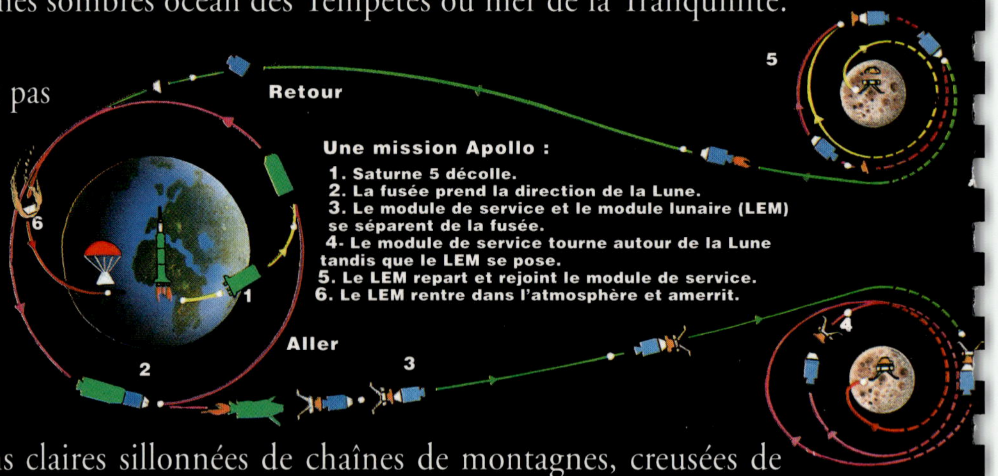

Ils ont vu les régions claires sillonnées de chaînes de montagnes, creusées de cratères*. Puis ils voulurent connaître sa **face cachée**! Un vaisseau russe l'a prise en photo en 1959. Enfin, une fusée géante, Saturne 5, a emporté vers la Lune* un vaisseau* capable d'alunir, le module lunaire Apollo. Et les hommes ont marché sur la Lune : le 21 juillet 1969, à 3 h 56, heure française, l'Américain Armstrong* a posé le pied sur la Lune, un monde sans eau et sans vie.

Au 19e siècle, Jules Verne avait imaginé une fusée pour aller sur la Lune.

Face visible de la Lune
Entre juillet 1969 et décembre 1972, six missions Apollo habitées ont atterri sur la Lune.

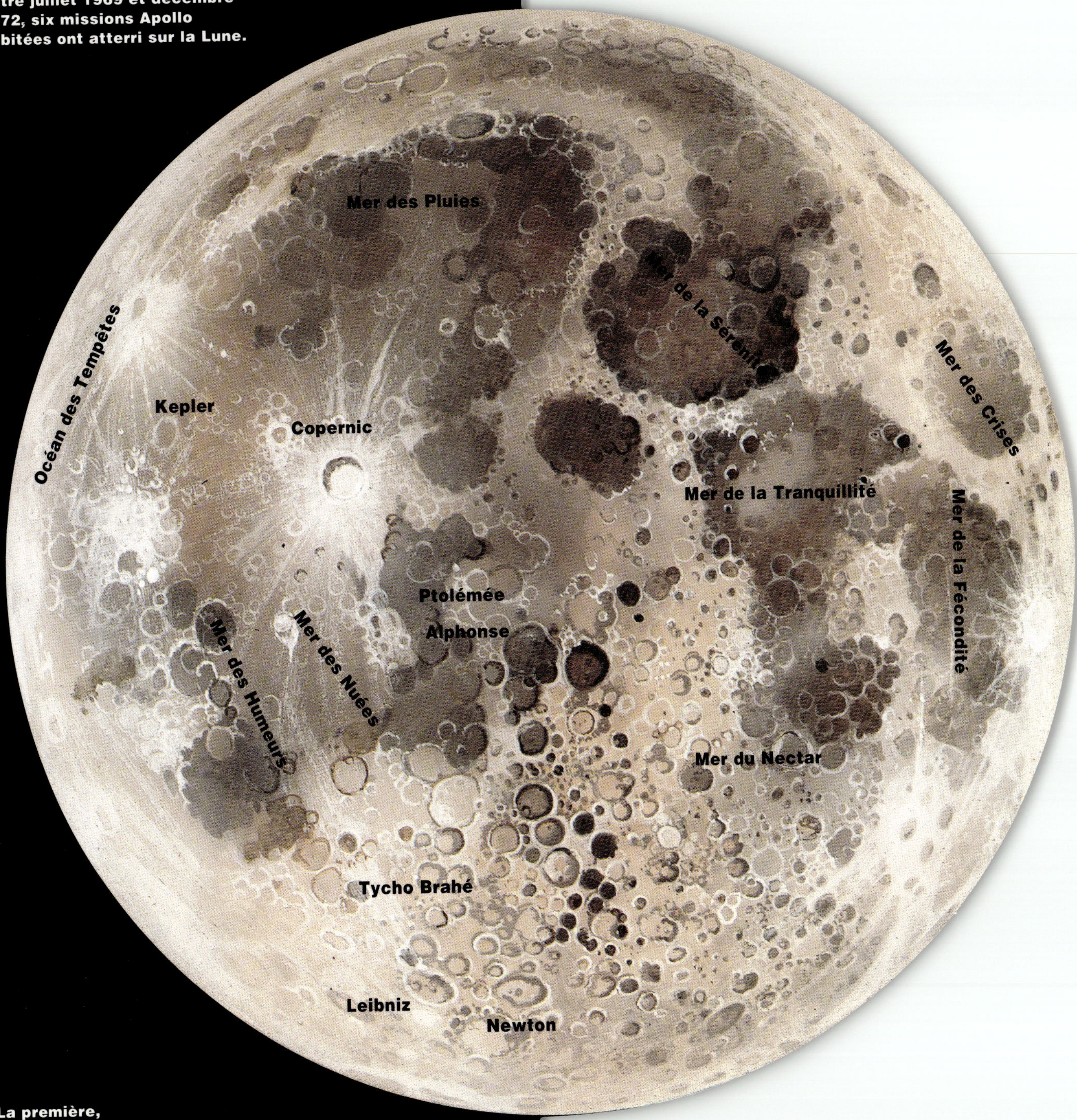

La première, avec Armstrong et Aldrin, s'appelait Apollo 11.

Première maquette en bois du module lunaire, le LEM, qui permet aux astronautes d'aller de leur vaisseau spatial à la Lune.

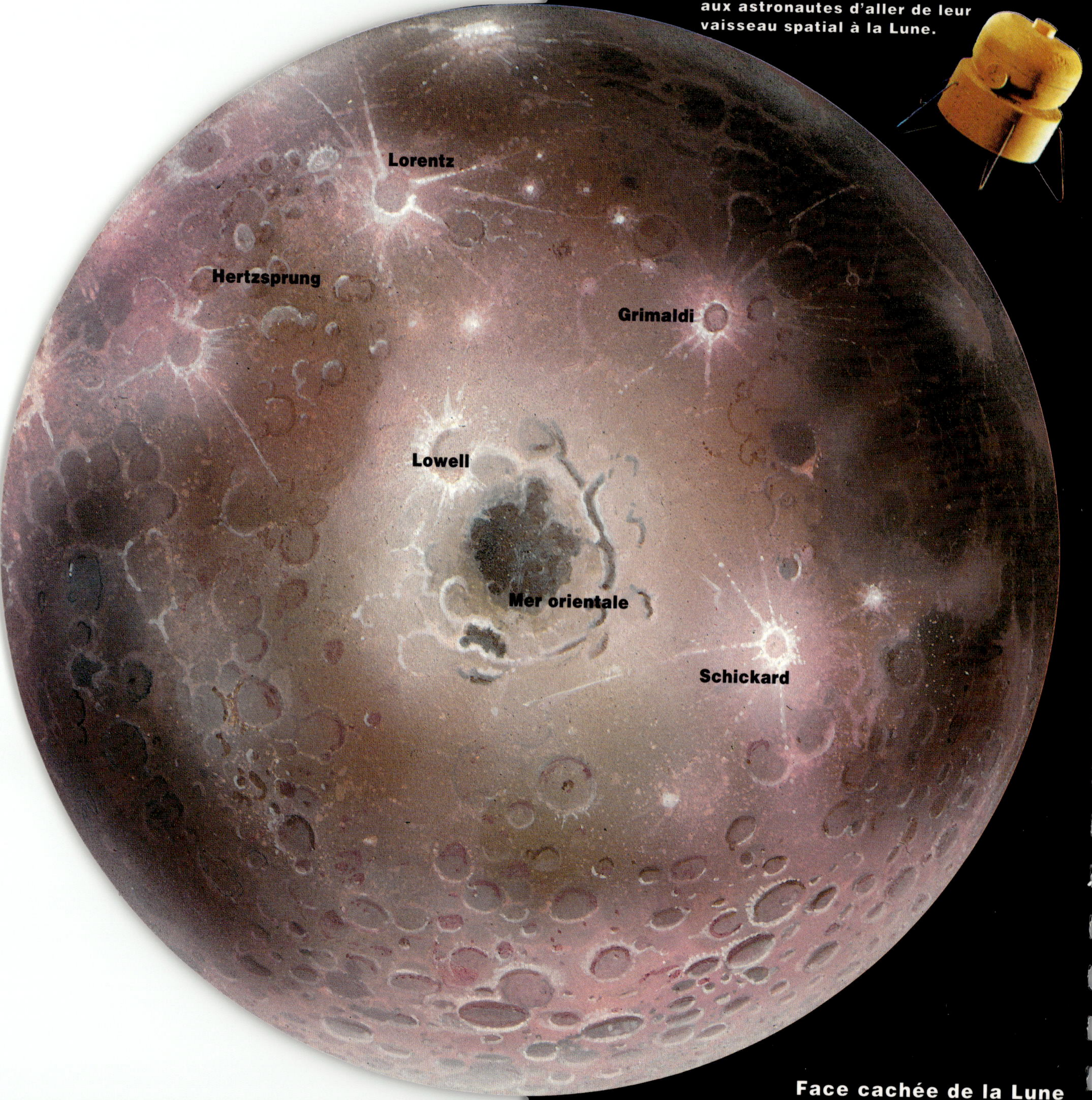

Face cachée de la Lune
Cette photo a été prise par la sonde Galileo.

Ce Lunokhod soviétique a rapporté des milliers d'images de la mer des Pluies.

Les astronautes sont repartis dans la partie supérieure du LEM.

Premières photos
En 1959, la sonde* soviétique Luna prend les premières photographies de la face cachée. Celle-ci, plus exposée aux projectiles de l'espace, présente plus de petits cratères*.

Voiture lunaire
En juillet 1971, les astronautes* américains de la mission Apollo 15 explorent la mer des Pluies grâce à leur Jeep lunaire. C'est la voiture la plus chère du monde.

Vivre sur la Lune
C'est difficile! Les jours comme les nuits durent deux semaines. Le jour, il fait plus de 100 °C, la nuit il règne un froid polaire.

Les astronautes pèsent sur la Lune six fois moins que sur la Terre, parce que la pesanteur, la force qui entraîne les corps vers le sol, est plus faible. Ils bondissent plus qu'ils ne marchent.

Traces de pas
Les astronautes ont laissé leurs empreintes sur la fine couche de poussière grise et scintillante qui recouvre le sol pierreux. Elles y sont toujours : il n'y a ni vent ni pluie pour les effacer!

Cailloux de Lune
Les roches ramassées sur la Lune ont entre 3 et 4 milliards et demi d'années. C'est l'âge des roches terrestres. La Terre et la Lune ont donc dû se former en même temps.

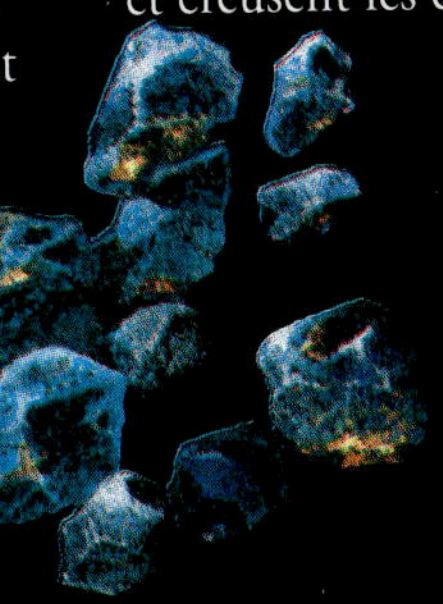

Sans atmosphère
Sur la Lune, il n'y a pas d'atmosphère* pour freiner les météorites* qui arrivent de l'espace et creusent les cratères.

Comme il n'y a pas d'air, le drapeau ne flotte pas. Il doit être soutenu par une tige. Il n'y a pas de bruit non plus.

Le Soleil, notre étoile

On pourrait mettre un million quatre cent mille planètes* Terre à l'intérieur du Soleil. Sa surface est très agitée. ▼

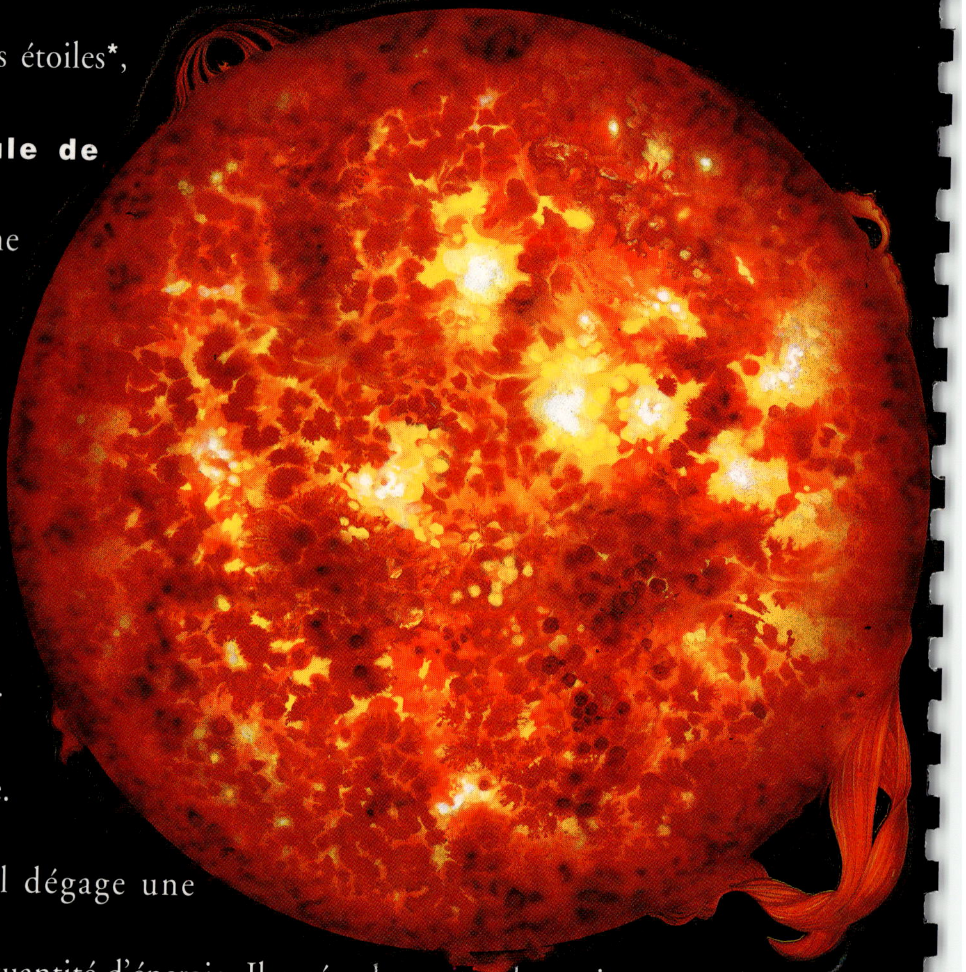

Le **Soleil*** est né dans une nébuleuse*, un gigantesque nuage de poussière et de gaz. Comme toutes les étoiles*, c'est une énorme **boule de gaz*** très chauds, une véritable bombe qui transforme sans cesse l'hydrogène* en hélium* et brille par elle-même.

Le Soleil dégage une formidable quantité d'énergie. Il a vécu la moitié de sa vie, et ses réserves lui permettront de briller encore cinq milliards d'années.

Le roi Louis XIV, déguisé en soleil pour un ballet de Lully

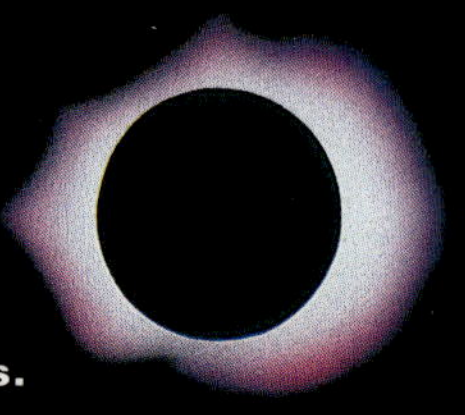

Une éclipse de Soleil peut durer 7 minutes.

Photo prise à l'aide d'un filtre lors d'une éclipse : n'étant plus éblouis, nous voyons une couronne légère autour du Soleil. ▼

D'énormes flammes jaillissent régulièrement à la surface. Elles s'élèvent à des dizaines de milliers de kilomètres.

Le Soleil maigrit

Chaque seconde, 4 millions de tonnes de matière se transforment en énergie. Celle-ci met des années à s'échapper du Soleil, en dégageant de la chaleur et de la lumière. Cette lumière met 8 minutes à nous parvenir. Il ne faut pas regarder le Soleil en face, sa lumière brûlerait nos yeux.

Le Soleil tourne

Il tourne sur lui-même en presque 28 jours. Accompagné par la Terre, il fait aussi le tour de notre galaxie*. Il a parcouru 23 tours depuis sa naissance.

Eclipse*

Quand la Lune se place entre la Terre et le Soleil, il y a éclipse de soleil. L'ombre de la Lune ne couvre alors qu'une toute petite partie de la Terre, qui est dans le noir.

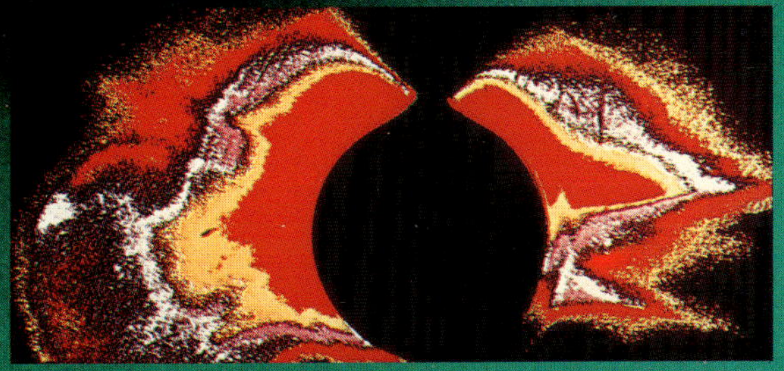

La couronne solaire vue par la sonde* Skylab

Les compagnons du Soleil

1

2

Les Anciens avaient remarqué dans le ciel des trouble-fête qui, d'une nuit à l'autre, avancent par rapport aux étoiles*, s'arrêtent, puis reculent. Ils les appelèrent astres* errants, ou **planètes***. Les planètes sont des mondes qui tournent autour d'étoiles comme le Soleil et qui ne brillent pas par elles-mêmes. Notre Terre est la troisième planète en partant du Soleil. Le système solaire comprend notre étoile, le Soleil, neuf planètes, les astéroïdes*, qui sont des milliers de cailloux, et des blocs glacés, les comètes*. A des rythmes différents, tous tournent autour du Soleil, car sa force d'attraction les tient captifs.

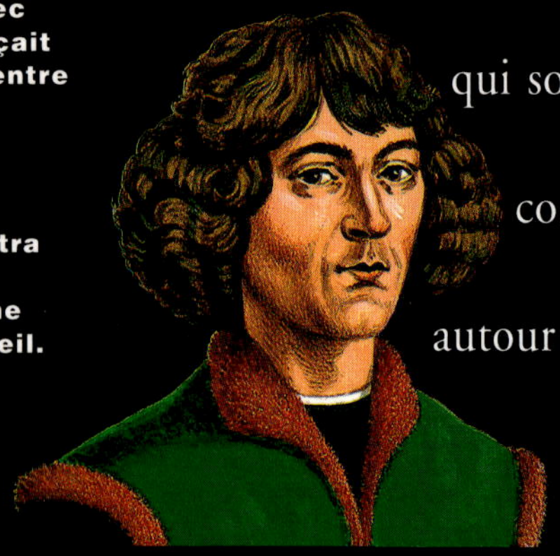

1 En 140, le Grec Ptolémée plaçait la Terre au centre de l'univers.

2 En 1543, le Polonais Copernic montra qu'en réalité la Terre tourne autour du Soleil.

Soulève la page de droite. Partant du Soleil, tu vois : 1 - Mercure, 2 - Vénus, 3 - la Terre (avec la Lune), 4 - Mars, 5 - Jupiter, 6 - Saturne (grossi par effet de perspective), 7 - Uranus, 8 - Neptune, 9 - Pluton.

Les Martiens existent-ils?

Comme la Terre, **Mars**, **Vénus** et **Mercure** ont une croûte solide. On a longtemps aimé imaginer que Mars abritait des êtres vivants. Ceux qui en doutaient pensaient au moins que des plantes y poussaient. Lorsque les vaisseaux spatiaux* Viking, lancés sur Mars en 1976, ont analysé le sol, un désert de pierres, ils n'ont pas trouvé trace de vie! Pourtant on sait qu'il y a des millions d'années, de l'eau coulait sur la planète*.

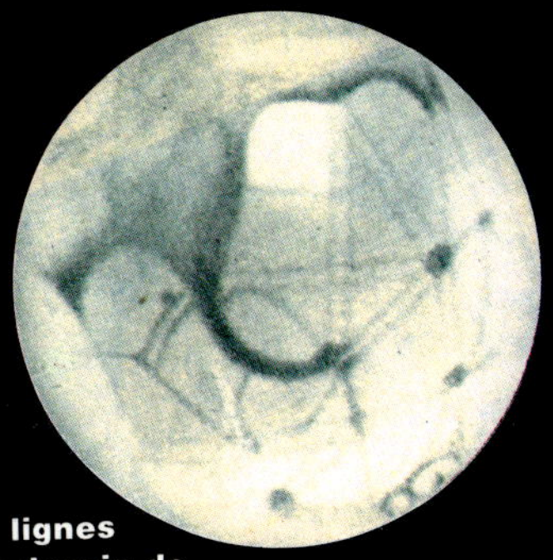

Ces lignes d'un dessin de Mars de 1877 ont été prises pour des canaux construits par les Martiens.

On imagina même des grottes souterraines comme celle-ci! ▶

En décembre 1609, un savant italien, Galilée, braque cette lunette* vers le ciel. Un monde nouveau lui apparaît : le relief de la Lune, les satellites* de Jupiter, les étoiles de la Voie lactée*, notre galaxie*.

Erreur du passé

Nous avons l'impression que la Terre est immobile au centre du ciel. Les hommes l'ont cru pendant longtemps.

Des découvertes

Les Grecs* ont démontré que la Terre était ronde mais pensaient que les astres tournaient en rond autour d'elle. En 1543, un astronome polonais, Copernic*, fit de la Terre une planète comme les autres, tournant sur elle-même et autour du Soleil.

Temps modernes

Kepler*, à Prague, montra en 1609 que les orbites* sur lesquelles se déplacent les planètes n'étaient pas des cercles, mais des ellipses, sortes de cercles plus ou moins aplatis.

Et Newton*, astronome* anglais, comprit pourquoi dès 1665. En voyant tomber une pomme d'un arbre, il réalisa qu'en tombant elle obéissait à la même loi que les astres qui tournent autour du Soleil, la loi de la gravitation universelle*.

Un monde naît

La naissance du système solaire a peut-être eu lieu après l'explosion d'une supernova*. Un nuage de poussières et de gaz s'est contracté. La partie centrale est devenue le Soleil, des roches se sont formées dans les zones intérieures plus chaudes, et de la glace dans les régions extérieures plus froides. Ainsi, les planètes proches, dont la Terre, sont faites de roches, les planètes plus lointaines sont surtout faites de glace. Elles sont en plus entourées de grandes quantités de gaz.

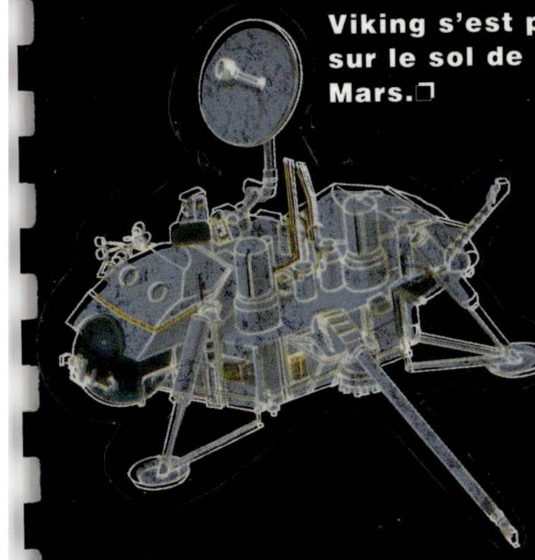

Viking s'est posé sur le sol de Mars.

1. Mars est le dieu de la Guerre.
2. Vénus est la déesse de l'Amour et de la Beauté.
3. Mercure est le messager ailé des dieux.

La planète rouge

Mars est appelé ainsi parce que ses roches contiennent du fer qui a rouillé et qui les colore. Il est à peine plus gros que la Lune.
On voit à sa surface de grands volcans et des lits de rivières asséchés.
Les jours sur Mars ont la même durée que sur la Terre.

Un climat glacé

Il fait très froid sur Mars! La température ne dépasse pas 0 °C. L'atmosphère* de Mars est très légère et contient surtout du gaz irrespirable.
Mars a des satellites*, Phobos et Deimos. L'un et l'autre sont des blocs de pierre irréguliers.

Etoile du berger

Vénus est appelée étoile du berger, étoile du soir ou du matin car cet astre* brillant est le premier à apparaître dans le ciel le soir et le dernier à disparaître le matin.
Et pourtant c'est une planète!

Sur Vénus

Vénus est aussi grosse que la Terre. Son atmosphère nous cache sa surface, qui est très accidentée, comme le montre cette image prise par un radar.

Vénus

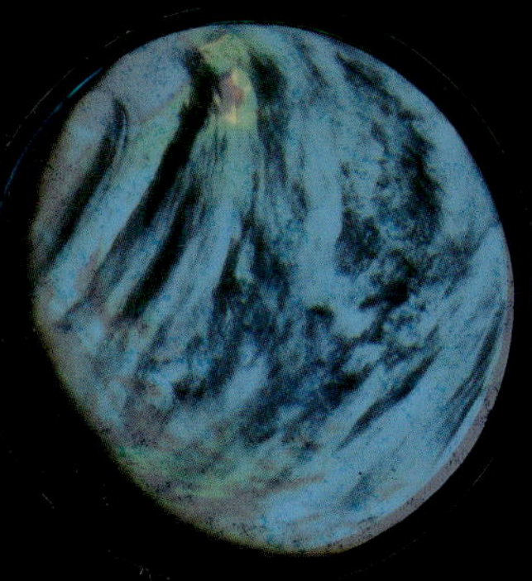

Nuages mortels

Vénus est couverte de nuages très épais et très blancs dont les vapeurs sont mortelles. C'est à cause d'eux que Vénus est si brillante.
Ils emprisonnent aussi la chaleur qui est très forte!

La planète rapide

Tout proche du Soleil, Mercure file très vite : il en fait le tour en 88 jours.

Mercure

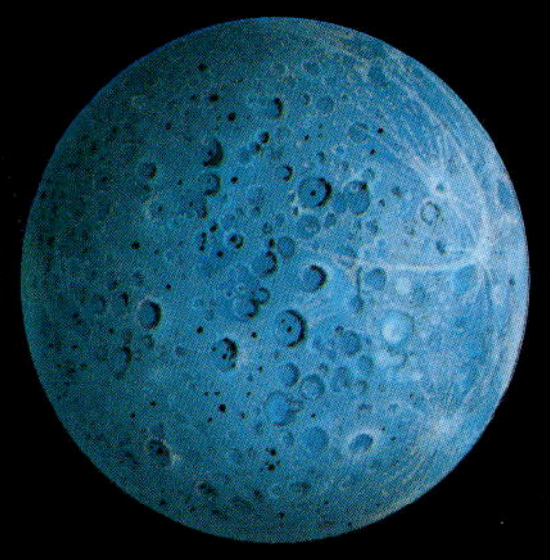

Sur Mercure

Aride et criblé de cratères*, Mercure ressemble beaucoup à la Lune. Il est à peine plus gros qu'elle.
Il n'a pas d'atmosphère.
Les jours et les nuits durent près de six mois, les jours sont torrides et les nuits glaciales.

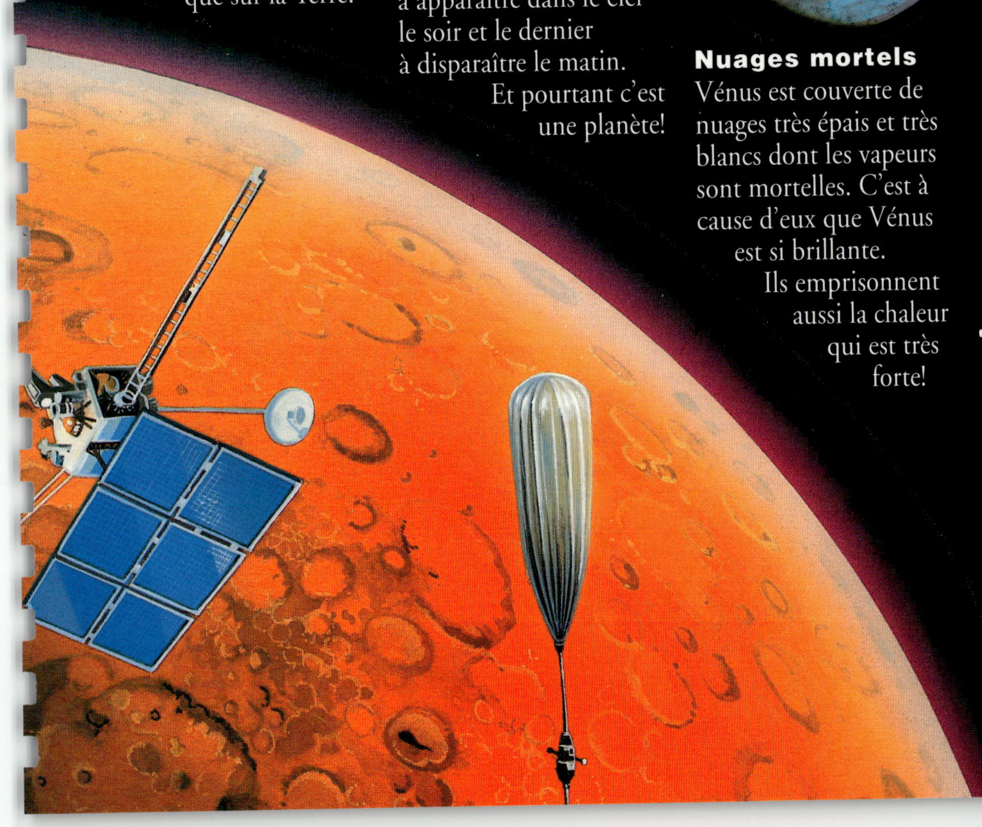

Des sondes* ont été envoyées sur Mars pour établir une carte de la planète.

▲ **Voyager 2, après avoir survolé Jupiter et Saturne, a atteint Uranus en 1986 et Neptune en 1989.**

Planète géante

Jupiter, la plus grosse planète*, a en son centre un océan d'hydrogène* liquide et un cœur de roches brûlantes, dont la température est de 20 000 °C.

◄ **Cette plaque a été gravée à l'intention des extraterrestres*, s'il y en a! Elle se trouve à bord de Voyager.**

Des tempêtes

La Grande Tache rouge de Jupiter que l'on voit sur l'image est une zone de tempête, un énorme tourbillon de gaz. Devant Jupiter, passent deux de ses lunes, Io et Europe.

Astres lointains

Uranus fut la première planète découverte au télescope*. Neptune et Pluton ont été trouvés par le calcul.

Pluton est si loin et si petit qu'il est encore mal connu.

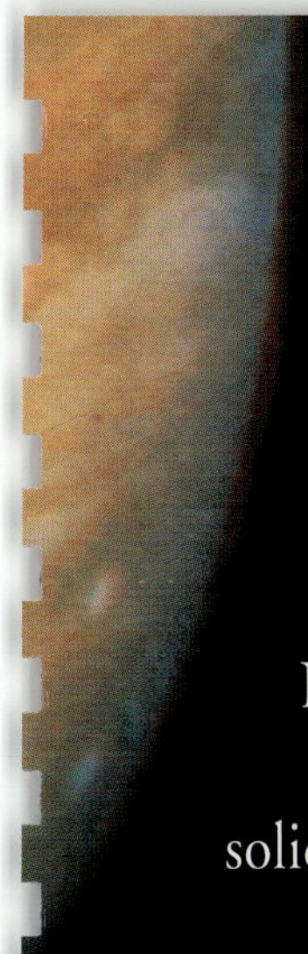

Planètes de gaz et de glace

Saturne est si léger qu'il flotterait sur l'eau!

Très loin du Soleil, Jupiter, Saturne, Uranus et Neptune sont d'énormes boules légères et bariolées! Elles n'ont pas la croûte solide de la Terre et des trois autres planètes, ce sont surtout des **boules de gaz***. Pourquoi ont-elles de si belles couleurs? A cause des longues couches de nuages qui les enveloppent et que des vents violents font tourbillonner. Elles sont entourées d'**anneaux***, faits de poussière et de cailloux recouverts de glace qui tournent autour d'elles. Celui de Saturne, le plus beau, est visible au télescope*. Ces planètes ont leurs lunes : Jupiter en a au moins seize et Saturne vingt! **Pluton**, minuscule monde de glaces et de roches, n'en a qu'un, Charon.

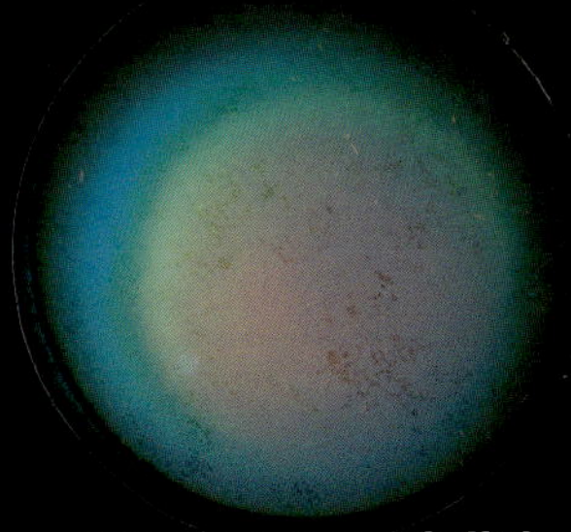

Uranus est en réalité bleu vert.

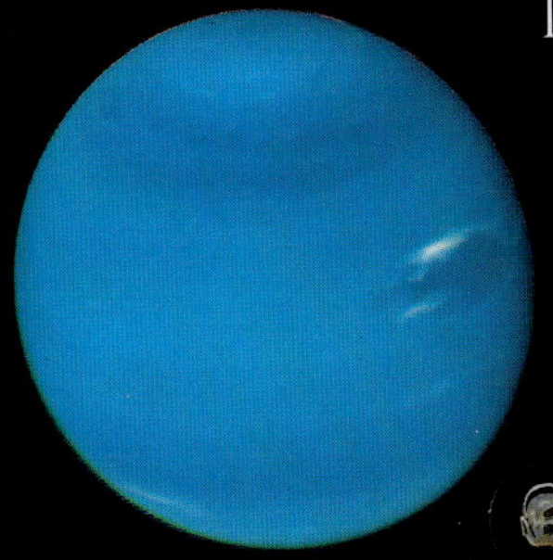

Neptune est entouré de nuages de gaz bleu.

Il n'y a pas de photo de Pluton, mais une image d'ordinateur.

1 - Pluton est le dieu des Enfers. 2 - Jupiter est le père des dieux. 3 - Uranus est le dieu du Ciel. 4 - Saturne est le dieu des paysans. 5 - Neptune est le dieu de la Mer.

Les astres voyageurs

La sonde* Giotto a frôlé la comète de Halley et l'a photographiée en 1986.

Certains astres* apparaissent et disparaissent soudainement sur le ciel étoilé. Ce sont les **comètes*** et les **météores***. Une comète est une boule de roche et de glace qui tourne autour du Soleil. Le Soleil fait briller sa traîne de gaz et de poussière lorsqu'elle s'approche de lui. C'est alors que nous la voyons. Puis elle disparaît, pour revenir beaucoup plus tard. Un météore, ou **étoile filante***, est un caillou de l'espace qui pénètre à grande vitesse dans notre atmosphère* : il brûle au contact de l'air, en laissant une trace lumineuse.

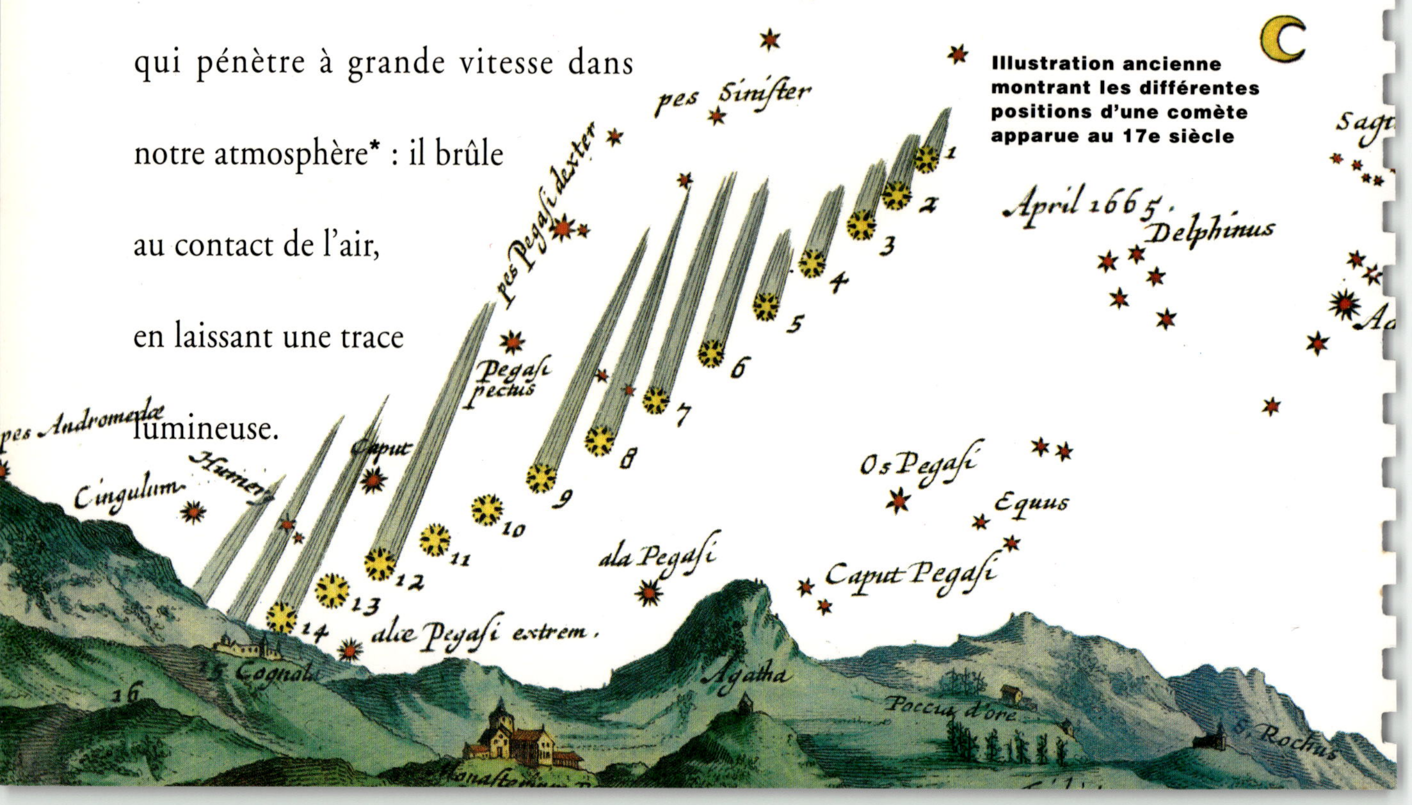

Illustration ancienne montrant les différentes positions d'une comète apparue au 17e siècle

Les traces des étoiles filantes semblent toutes venir d'un même point du ciel, qui est le point vers lequel la Terre se dirige à ce moment-là. ▼

Pluies de feu

Certaines nuits du mois d'août et du mois de décembre, il pleut des étoiles filantes, car la Terre traverse alors un essaim de cailloux. Ce sont les restes d'une comète qui a explosé.

Les plus grosses météorites sont appelées des bolides. Elles ne brûlent pas complètement et peuvent creuser des cratères en frappant le sol de la Terre.

Météorites

Un météore est appelé météorite* s'il arrive sur Terre. Chaque jour, il en tombe près de six tonnes. Les uns sont pulvérisés. Les autres tombent dans l'eau. Le cratère* Barringer, en Arizona, a dû être creusé par une météorite de plus de 50 000 tonnes.

Les météorites contiennent parfois du métal. Ce sont alors sans doute des débris d'astéroïdes*.

Cette météorite, découverte en Suède en 1870, est l'une des plus grosses qui soient connues.

Voir de plus en plus loin

Illustration ancienne d'une éclipse de lune

Les **lunettes** et **télescopes*** sont les outils principaux des astronomes. De plus en plus puissants, ils captent des lumières de plus en plus faibles et permettent de voir des astres de plus en plus lointains.

Avec les lunettes, on voit des centaines de milliers d'étoiles.

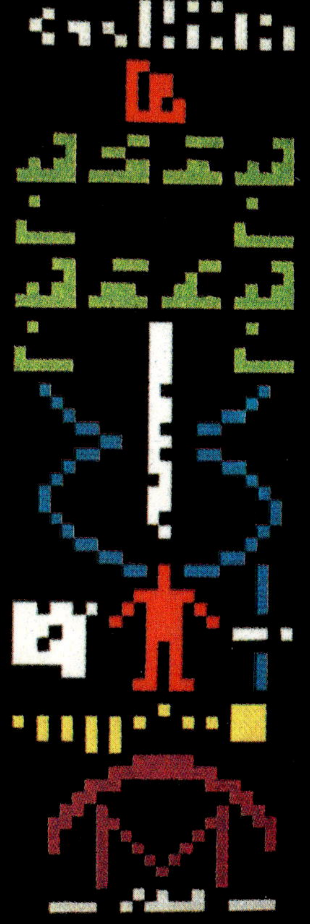

Ce message a été envoyé à d'éventuels extraterrestres d'Arécibo, par le plus puissant des radiotélescopes. Il atteindra des étoiles dans 25000 ans!

Radiotélescope d'Arécibo, à Porto-Rico. Il recueille les ondes radio émises par les astres et peut aussi en envoyer vers les étoiles.

Les secrets de notre galaxie

Notre galaxie vue de profil, telle qu'on se la représentait au début du 20e siècle.

La nuit, nous voyons une bande laiteuse qui traverse le ciel. C'est notre galaxie vue de l'intérieur, la **Voie Lactée***. Une galaxie* est un rassemblement de milliards d'étoiles. Notre galaxie en contient près de cent milliards! Le système solaire se trouve dans l'un de ses bras et très loin du centre, vers son bord.

Lord Rosse, astronome anglais du 19e siècle

Toute la Galaxie tourne lentement sur elle-même : il lui faut deux cent trente millions d'années pour faire un tour. Tout ce que nous voyons à l'œil nu dans le ciel appartient à notre Galaxie, sauf trois taches, qui sont d'autres galaxies. Au-delà, l'univers* est peuplé de milliards de galaxies qui rassemblent des milliards d'étoiles.

Avec ce télescope, Lord Rosse découvrit de nombreuses galaxies.

galaxie spirale,
comme la Voie Lactée.

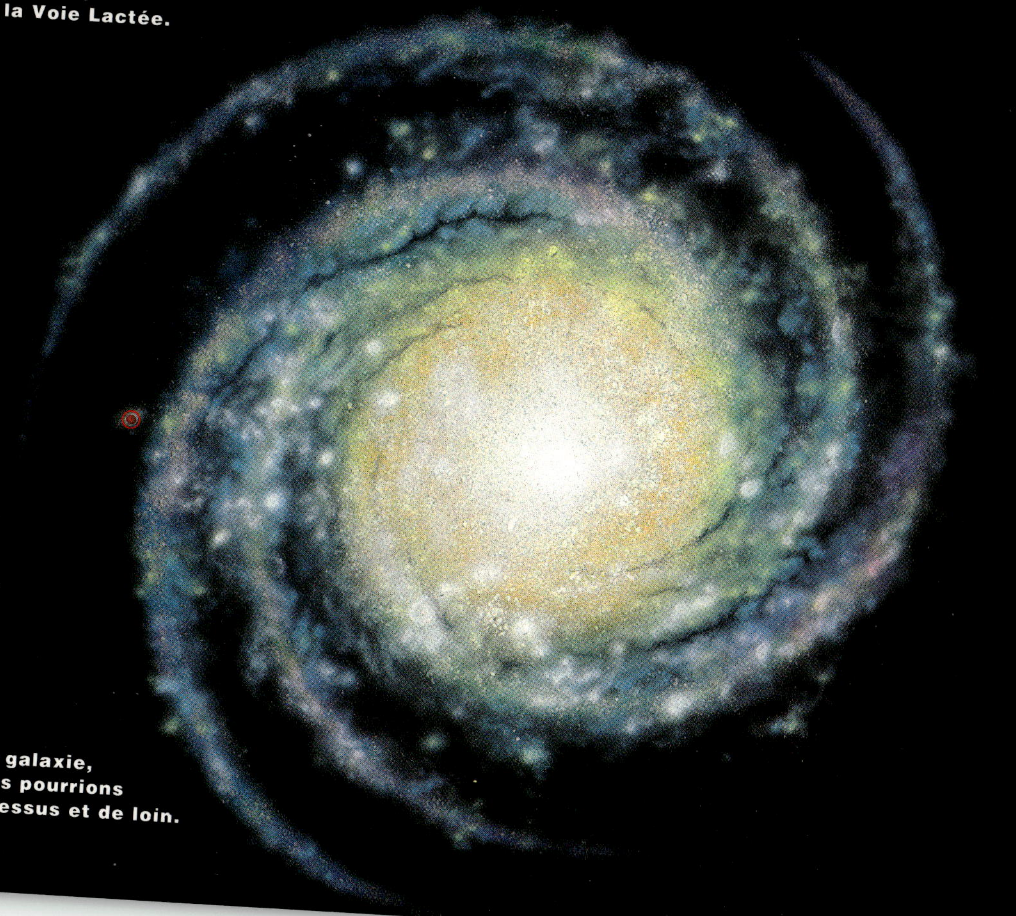

Voici notre galaxie,
comme nous pourrions
la voir de dessus et de loin.

Pour les Vikings,
la Voie Lactée
était un pont entre
la Terre et le ciel
qui servait de
passage aux morts.

Pour d'autres
peuples, c'était
le lait d'une déesse
nourrissant
son enfant.

galaxie, telle que nous
naissons grâce aux
ervations des télescopes
Le point rouge indique
l'emplacement
du Soleil.
Les 4 types de galaxies :
galaxie spirale barrée
galaxie elliptique

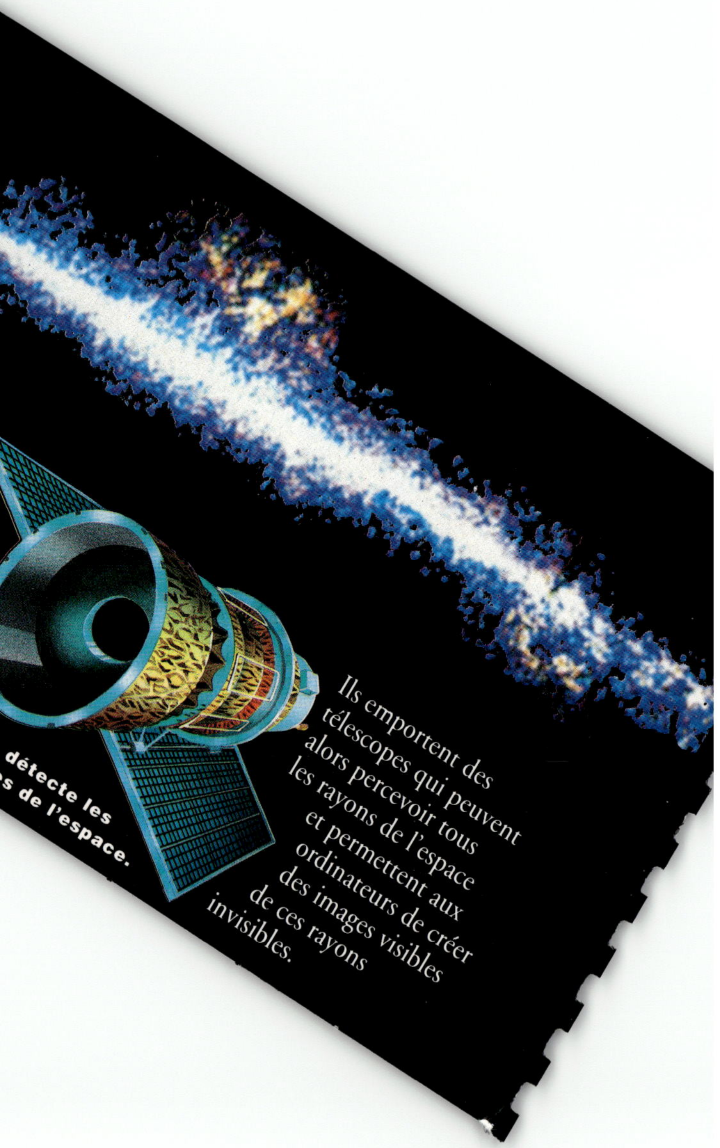

Ils emportent des télescopes qui peuvent alors percevoir tous les rayons de l'espace et permettent aux ordinateurs de créer des images visibles de ces rayons invisibles.

… détecte les …s de l'espace.

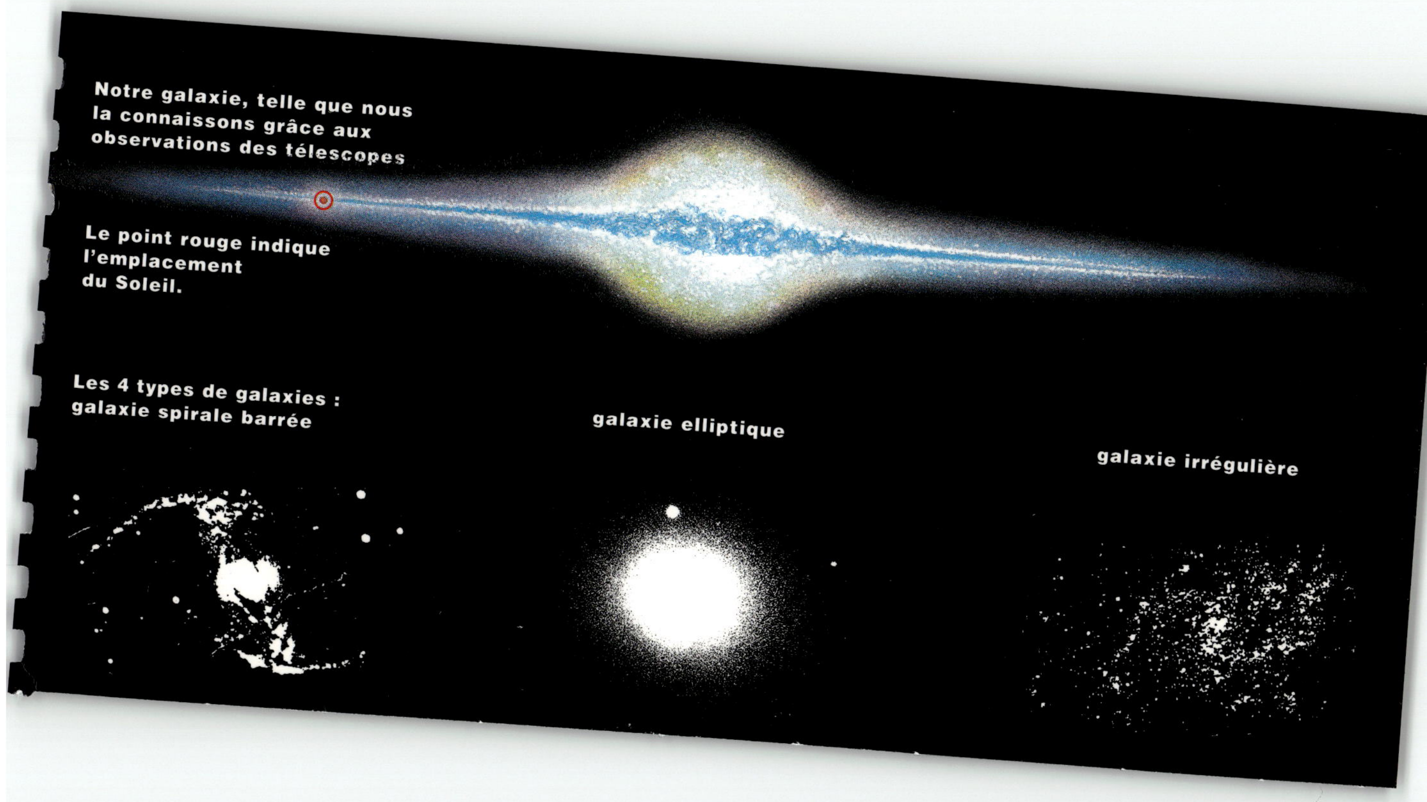

Notre galaxie, telle que nous la connaissons grâce aux observations des télescopes
Le point rouge indique l'emplacement du Soleil.
Les 4 types de galaxies : galaxie spirale barrée
galaxie elliptique
galaxie irrégulière

Image infrarouge
de la Voie Lactée

Rayons invisibles

En plus des rayons lumineux que nous voyons, les astres émettent toutes sortes de rayons : rayons gamma, rayons X, ultraviolets, infrarouges, micro-ondes, ondes radio.

Mais la plupart sont arrêtés par l'atmosphère de la Terre. Aussi on envoie dans l'espace des satellites artificiels.

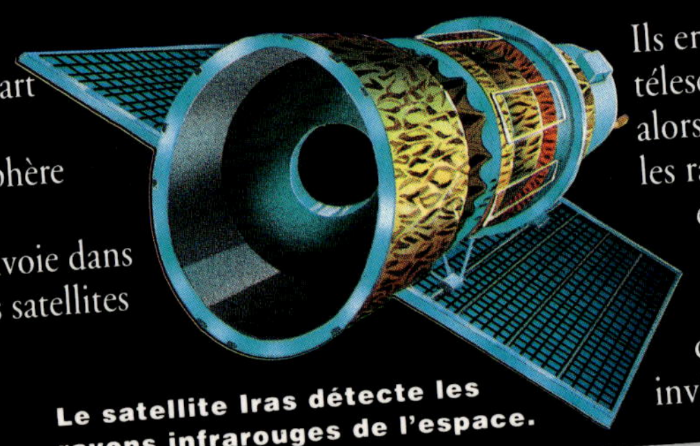

Le satellite Iras détecte les rayons infrarouges de l'espace.

Ils emportent des télescopes qui peuvent alors percevoir tous les rayons de l'espace et permettent aux ordinateurs de créer des images visibles de ces rayons invisibles.

Image aux rayons gamma de la Voie Lactée vue par Cos B

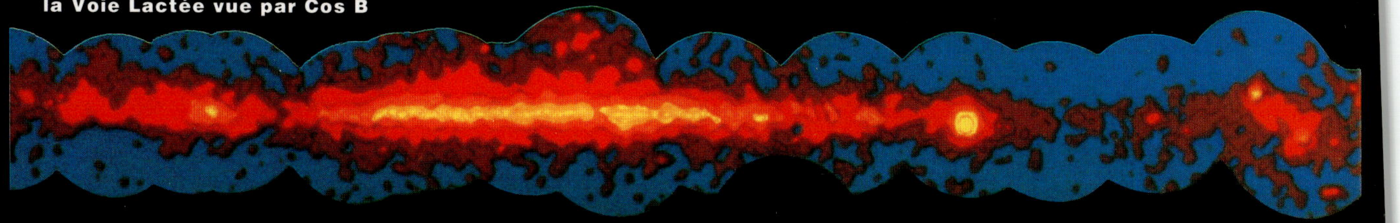

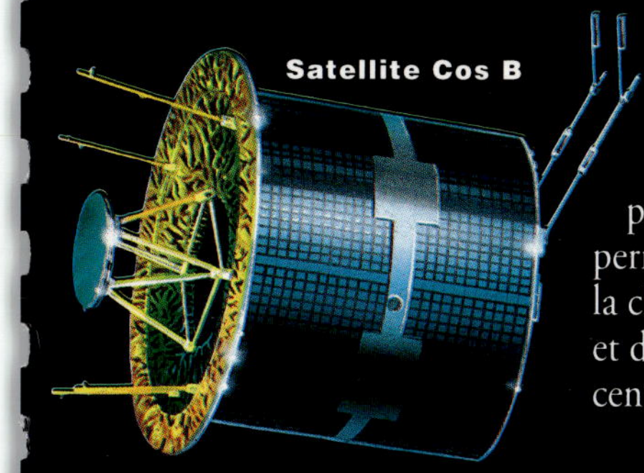

Satellite Cos B

Infrarouges
Les rayons infrarouges recueillis par le satellite Iras permettent d'analyser la chaleur des astres et d'étudier le noyau central de notre galaxie.

Rayons gamma
Les rayons gamma recueillis par le satellite Cos B font découvrir les astres jeunes de la galaxie, ainsi que les restes d'étoiles qui ont explosé, les supernova*.

Danger!
Certains rayons sont très dangereux. Sur Terre, l'atmosphère nous protège. Dans l'espace, des capsules et des combinaisons spéciales protègent les astronautes*.

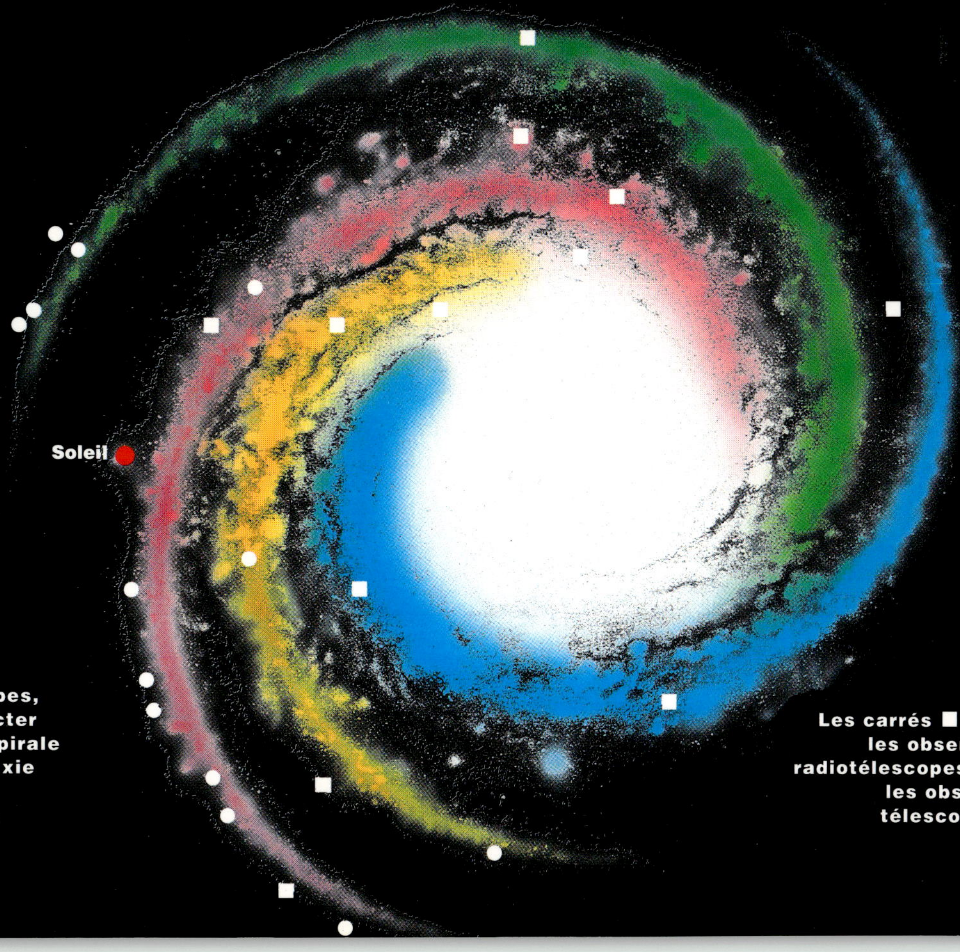

Grâce aux radiotélescopes, on a pu détecter les bras en spirale de notre galaxie malgré leur éloignement.

Les carrés ■ représentent les observations par radiotélescopes, les ronds ● les observations par télescopes optiques.

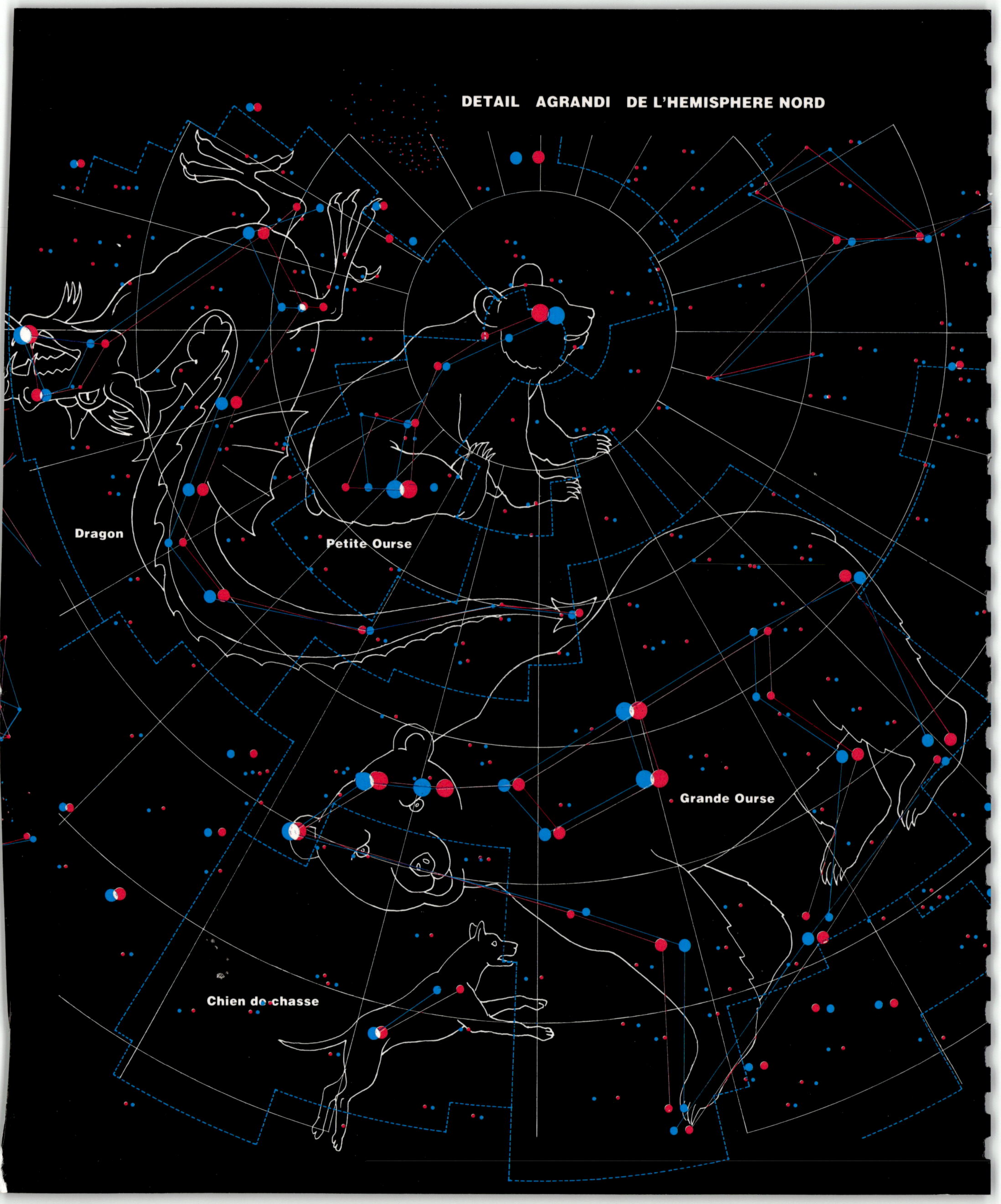
DETAIL AGRANDI DE L'HEMISPHERE NORD
Dragon
Petite Ourse
Grande Ourse
Chien de chasse

Des lunettes pour voir le ciel en profondeur

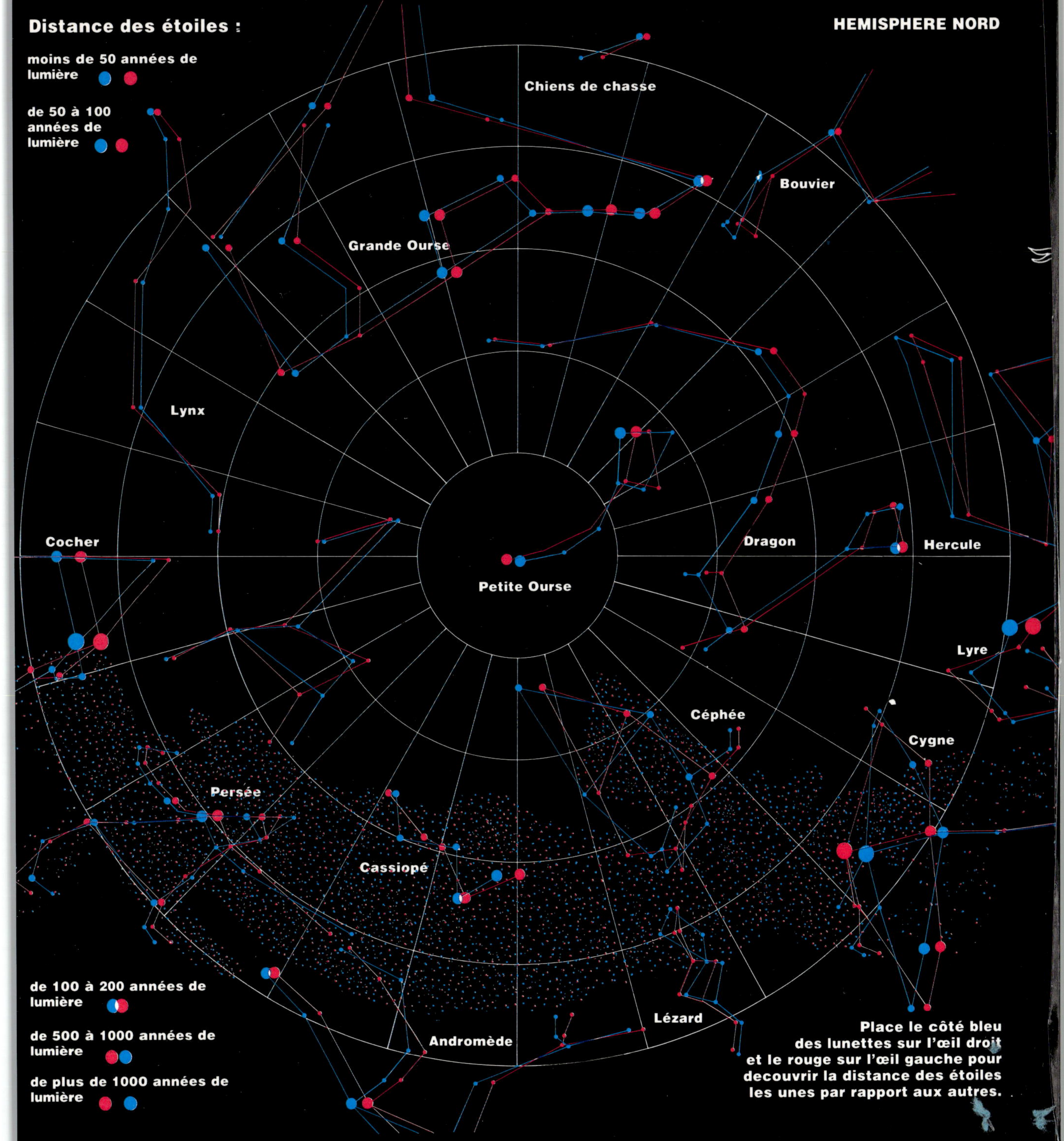

Le berceau des étoiles

Parmi les étoiles*, il y a de grands nuages obscurs ou brillants, faits de gaz et de poussières. Ce sont des **nébuleuses***. Certaines brillent car des étoiles très chaudes se cachent derrière elles et les illuminent. Elles prennent différentes couleurs selon les gaz qui les composent. Celles qu'une étoile n'éclaire pas restent sombres, elles dessinent des régions opaques qui masquent les astres. Le ciel change : des **étoiles** naissent en groupes au sein de ces nuages, d'autres étoiles meurent. **Vivre**, pour une étoile, c'est transformer l'hydrogène* dont elle est faite en hélium*.

William Herschel, astronome* anglais du 18e siècle

Avec ce télescope*, Herschel a découvert 2 500 nébuleuses.

Nébuleuse obscure de la Tête de Cheval

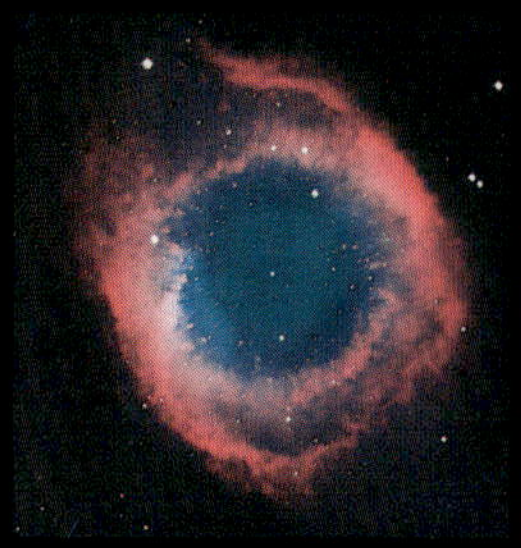

Nébuleuse brillante Hélix, reste de l'explosion d'une étoile

Nébuleuse brillante Trifide

Soulève les deux pages et regarde le ciel en relief grâce aux lunettes.

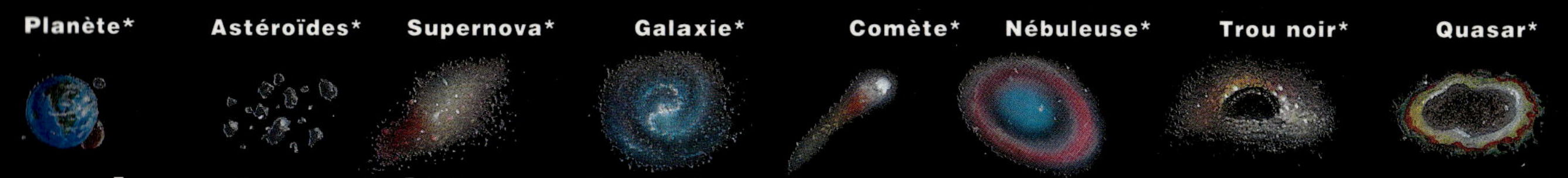

Le tourbillon de l'univers

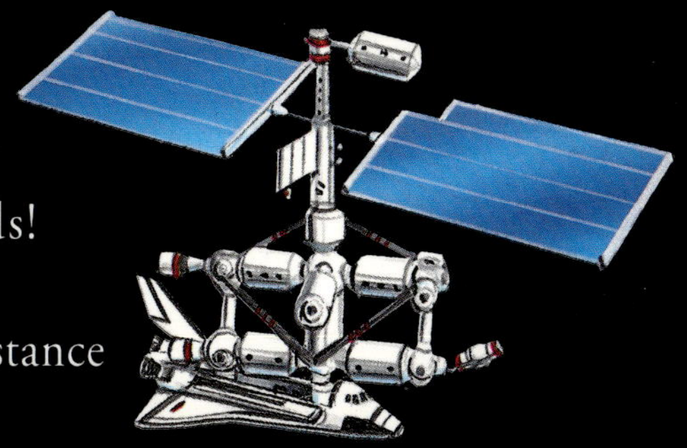

L'univers* est si vaste qu'on ne peut pas le mesurer en kilomètres. Les nombres seraient trop grands! On emploie l'**année de lumière***. C'est la distance que la lumière franchit en une année. Elle est égale à 9 460 milliards de kilomètres.

Bientôt, il y aura dans l'espace des stations habitées comme celles-ci.

Tout bouge dans l'univers! Nous sommes entraînés à toute vitesse dans l'espace : la Terre tourne, le Soleil tourne, les planètes*, notre galaxie*, les autres galaxies... Aujourd'hui, nous sommes sûrs que l'univers a un passé, un présent et un futur, donc une histoire. Pour la plupart des savants, celle-ci a commencé il y a quinze milliards d'années par une gigantesque explosion, le **big bang***.

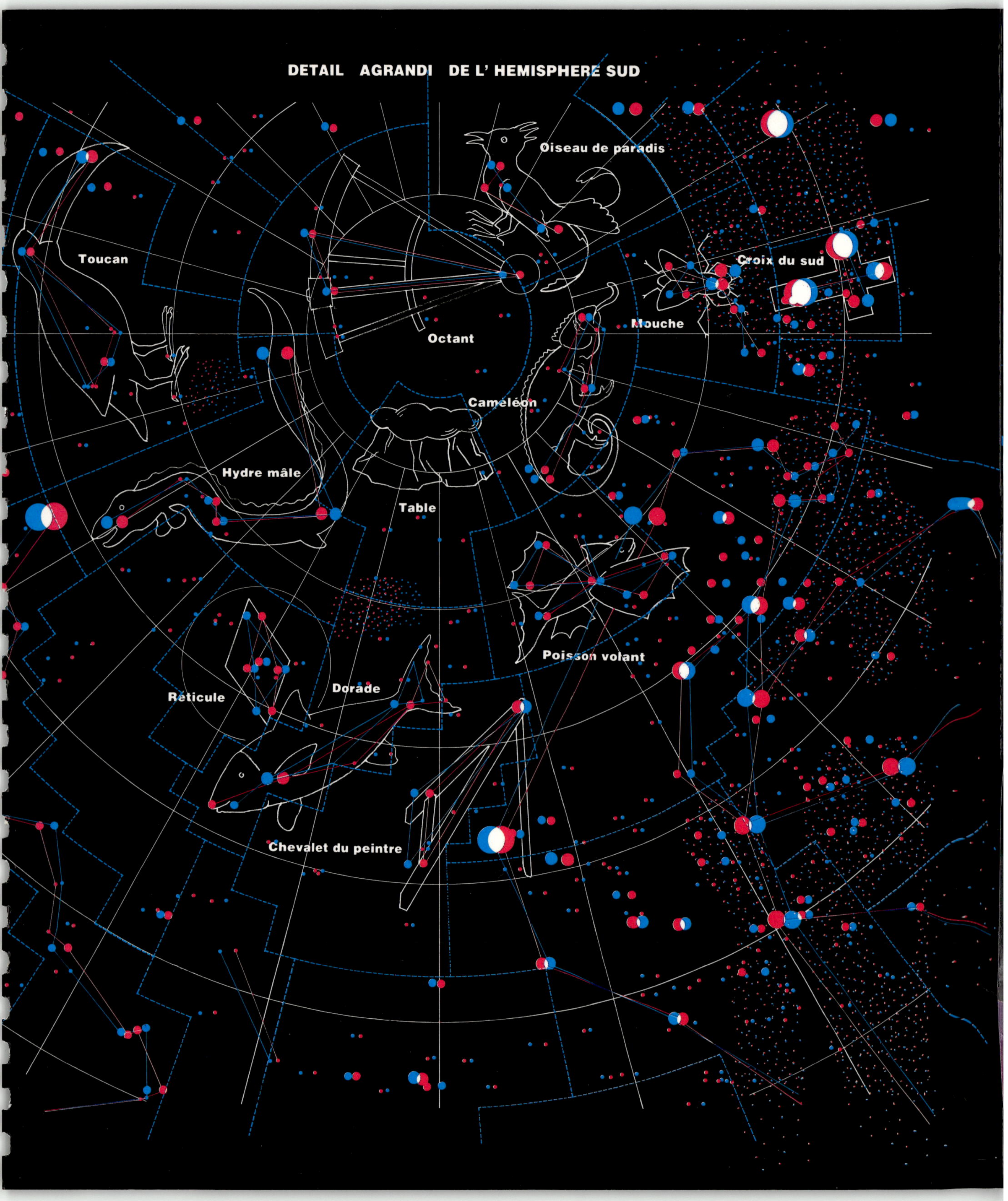
DETAIL AGRANDI DE L' HEMISPHERE SUD
Oiseau de paradis
Toucan
Croix du sud
Mouche
Octant
Caméléon
Hydre mâle
Table
Poisson volant
Dorade
Réticule
Chevalet du peintre

HEMISPHERE SUD

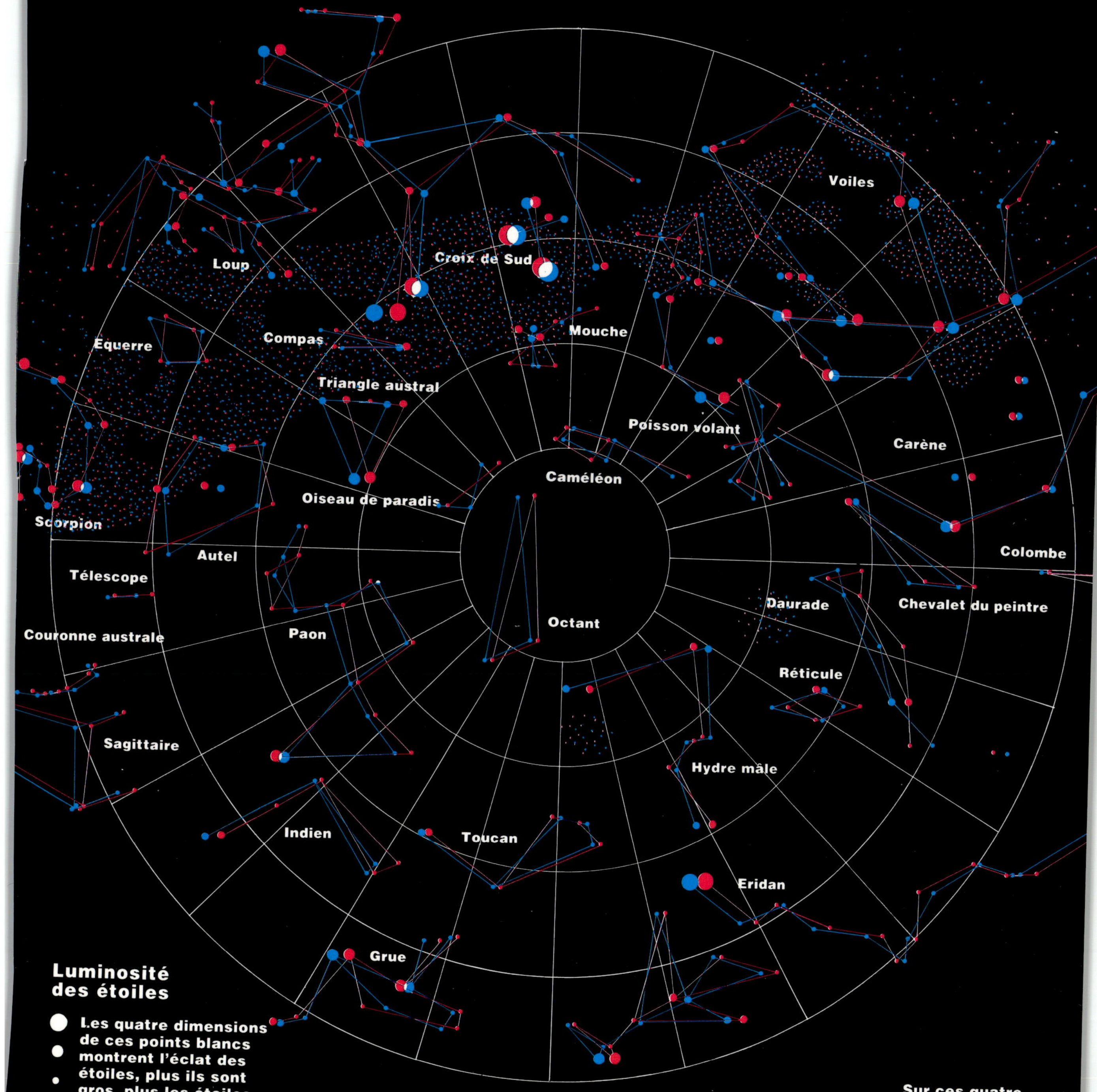

Luminosité des étoiles

Les quatre dimensions de ces points blancs montrent l'éclat des étoiles, plus ils sont gros, plus les étoiles sont lumineuses.

Sur ces quatre cartes, tu lis les noms des principales constellations.

Le Soleil est une étoile moyenne.

Les astronomes estiment la température de la surface des étoiles selon leur couleur. Les bleues sont plus chaudes que les jaunes, les jaunes plus chaudes que les rouges.

Selon la taille
La durée de vie d'une étoile dépend de sa grosseur à la naissance. Plus elle est grosse, plus elle consomme d'hydrogène, plus ses réserves s'épuisent vite : elle vit moins longtemps.

Une étoile naît
Dans un nuage de gaz balayé par de grands vents, de la matière se contracte et forme un noyau de plus en plus chaud. Il devient si chaud qu'il commence à briller : une étoile est née!

Une étoile vit
Une étoile de masse* moyenne vit à peu près dix milliards d'années. Quand elle a épuisé son hydrogène, elle entame sa réserve d'hélium, ce qui la fait gonfler : elle devient cinquante fois plus grande. C'est une géante rouge.

De géante à naine
Quand elle n'a plus d'hélium, elle maigrit et devient petite comme la Terre, mais beaucoup plus dense. C'est une naine blanche. Puis elle s'éteint doucement, devenant une naine noire.

Explosion
Une étoile plus massive que le Soleil disparaît en explosant! Elle est pulvérisée en une supernova*. Après l'explosion, il reste de l'étoile une petite boule extrêmement dense. C'est une étoile à neutrons, ou pulsar*.

Une autre fin
Lorsqu'une étoile encore plus massive explose, il reste un trou noir* où la gravitation* est si forte que rien ne lui échappe.

Invisible
Le trou noir est si dense qu'il avale même les rayons de lumière : c'est pour cela qu'il est noir, invisible!

La lumière du Soleil met 8 minutes à nous parvenir. La plus lointaine des planètes, Pluton, est 40 fois plus loin que le Soleil. Sa lumière met 5 heures et demie à arriver sur Terre.

Cette supergéante deviendra un pulsar.

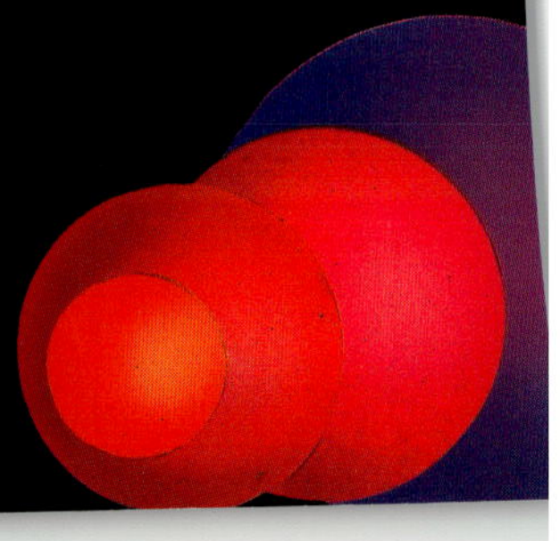

Cette géante rouge deviendra une naine blanche.

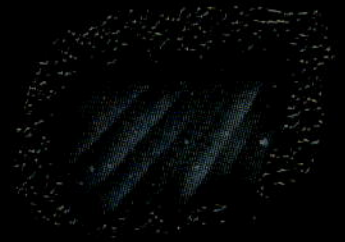
Rayon cosmique

Poussière

Pulsar*

Voici tous les objets que les astronomes* peuvent voir dans le ciel.
◀

L'univers danse
A la vitesse de 30 km par seconde, la Terre tourne autour du Soleil* qui tourne dans la Voie Lactée*, qui elle-même fonce vers la galaxie Andromède, qui fonce vers l'amas de la Vierge, qui est lui-même attiré par un superamas* qui tombe vers un autre grand groupe de galaxies...

Le noir de la nuit
Pourquoi le ciel est-il noir la nuit? Parce que les étoiles* ne sont pas assez nombreuses pour l'éclairer! La lumière des étoiles très lointaines ne nous est pas encore parvenue. Et s'il existe une multitude d'étoiles, elles ne sont pas éternelles.

Voir le passé
Lorsque nous voyons la lumière des étoiles, nous regardons des milliers d'années en arrière : le temps qu'a mis cette lumière à nous parvenir. Grâce aux grands télescopes* qui permettent de voir des lumières extrêmement faibles, nous pouvons remonter le temps jusqu'à 5 milliards d'années après le big bang. Nous voyons la jeunesse de l'univers!

Après le big bang
L'explosion a été si violente que les galaxies se fuient toujours les unes les autres. Est-ce que cette expansion continuera éternellement? Les savants s'interrogent.

La vie ailleurs
Il y a des milliards de planètes dans les milliards de galaxies, donc des milliards de possibilités qu'il existe d'autres vies.

Pour venir vers nous des extra-terrestres* mettraient des milliers d'années!

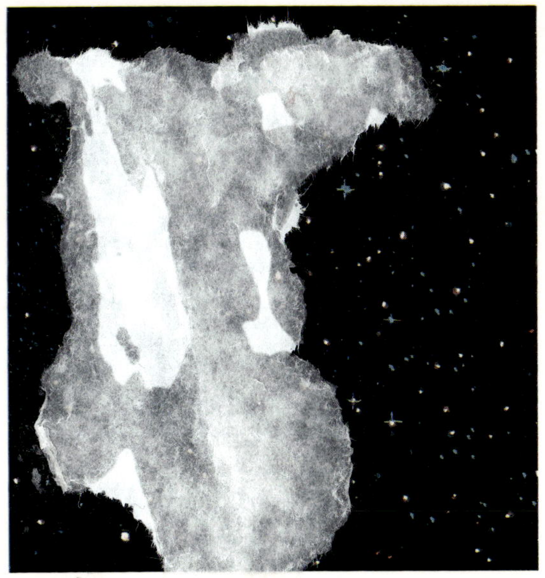

De l'étoile la plus proche, Proxima du Centaure, la lumière met 4 [illegible] et 4 mois à nous parvenir. En vaisseau sp[illegible] il nous faudrait cent mille ans pour l'attei[illegible]

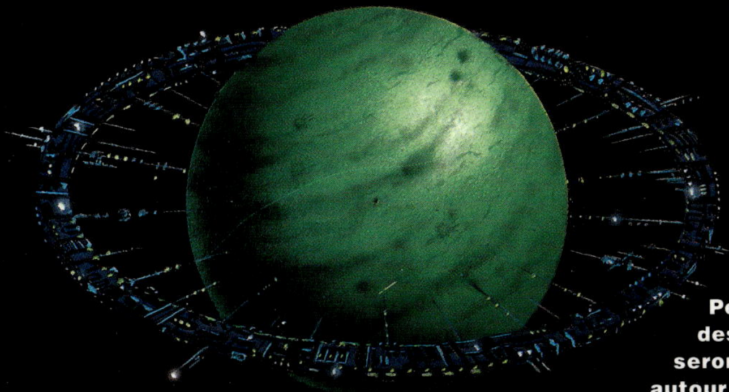

Peut-être un jour des stations spatiales seront-elles installées autour des planètes?

ET, l'extraterrestre, a été imaginé par Steven Spielberg.

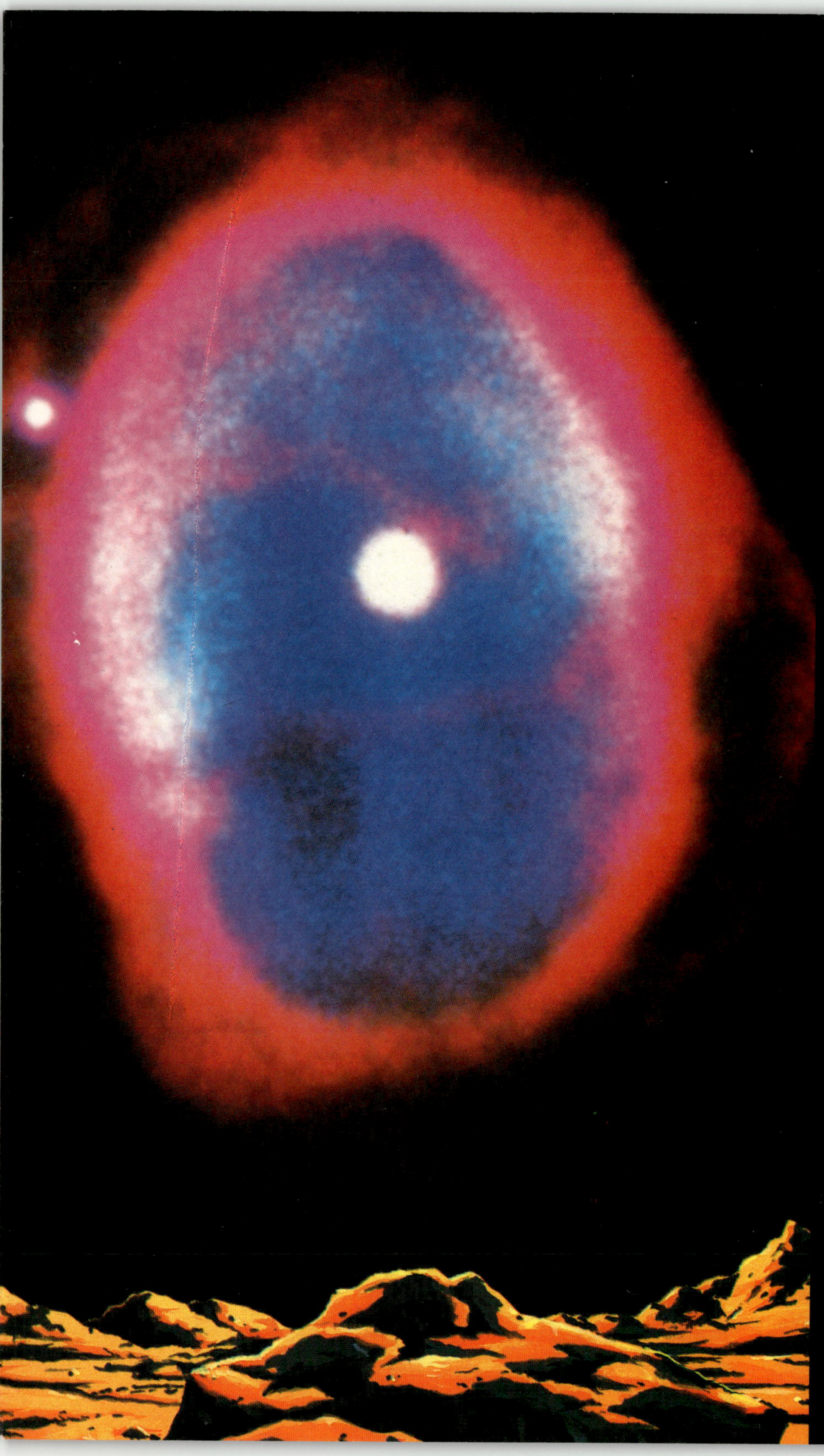

Sous la chétive pesée
de nos regards,
le ciel nocturne est là,
avec ses profondeurs
creusant nuit et jour
de nouveaux abîmes,
avec ses étincelants secrets,
sa coupole de vertiges...
L'aérienne, l'élastique
architecture du ciel semble
d'autant plus faite
pour nous rassurer
qu'elle n'emprunte rien
aux humaines maçonneries.

Jules Supervielle
Extrait de Rythmes célestes

Nébuleuse de la Lyre : une étoile perd son atmosphère et devient une naine blanche. Cela arrivera au Soleil. Mais la vie sur Terre aura depuis longtemps disparu!

Les chiffres du ciel

Lune
Diamètre : 3 476 km.
Distance de la Terre :
384 000 km.
Fait un tour sur elle-même
en 27,3 jours terrestres.
Température max. :
110 °C.

Soleil
Diamètre : 1 391 785 km.
Température en surface :
5 500 °C.
Température au centre :
15 000 000 °C.
Age : 4,6 milliards
d'années.

Mercure
Diamètre : 4 880 km.
Distance du Soleil :
58 millions de km.
Fait un tour sur lui-même
en 59 jours.
Température max. :
350 °C.

Vénus
Diamètre : 12 100 km.
Distance du Soleil :
108 millions de km.
Fait un tour sur elle-même
en 243 jours.
Température max. :
480 °C.

Terre
Diamètre : 12 753 km.
Distance du Soleil :
150 millions de km.
Température max. : 50 °C.
A 1 satellite, la Lune.

Mars
Diamètre : 6 785 km.
Distance du Soleil :
228 millions de km.
Fait un tour sur lui-même
en 24 h 30 mn.
Température max. : 0 °C.
A 2 satellites, Phobos
et Deimos.

Jupiter
Diamètre : 142 880 km.
Distance du Soleil :
779 millions de km.
Fait un tour sur lui-même
en 10 heures.
A 16 satellites.

Saturne
Diamètre : 120 515 km.
Distance du Soleil :
1 427 millions de km.
Fait un tour sur lui-même
en 10,2 heures.
A 18 satellites.

Uranus
Diamètre : 51 170 km.
Distance du Soleil :
2 869 millions de km.
Fait un tour sur lui-même
en 17 heures.
A 15 satellites.

Neptune
Diamètre : 49 560 km.
Distance du Soleil :
4 495 millions de km.
Fait un tour sur lui-même
en 16 heures.
A 8 satellites.

Pluton
Diamètre : 2 300 km.
Distance du Soleil :
5 900 millions de km.
Fait un tour sur lui-même
en 6,4 jours.
Température max.: 250 °C
A 1 satellite, Charon.

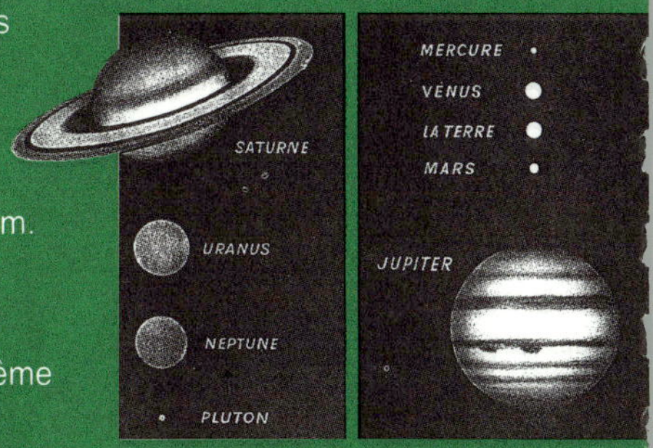

Etoiles les plus proches
Proxima du Centaure :
4,2 années de lumière
Alpha du Centaure :
4,3 années de lumière
Etoile de Barnard :
6 années de lumière
Wolf 359 :
7,7 années de lumière
Lalande 21 185 :
8,2 années de lumière

Satellite
Corps qui gravite autour d'une planète. La Lune est le satellite de la Terre. Premier satellite artificiel lancé en 1957, Spoutnik fit un tour de Terre en 96 minutes et 17 secondes.

Soleil
Notre étoile. Sans lui nous ne pourrions pas vivre.

Sonde
Engin non habité envoyé dans l'espace, qui étudie les corps célestes.

Superamas
Regroupement d'amas de galaxies.

Supernova
Etoile qui explose et devient un pulsar. En 1054, on a observé l'explosion d'une supernova, devenue le pulsar du Crabe.

Télescope
Instrument grossissant qui utilise des miroirs et non une lentille comme la lunette. La lumière se réfléchit sur les miroirs. Aujourd'hui, l'image captée par le télescope apparaît sur un écran d'ordinateur. Les télescopes modernes sont construits sur les montagnes pour fuir les lumières des villes et bénéficier d'un air pur.

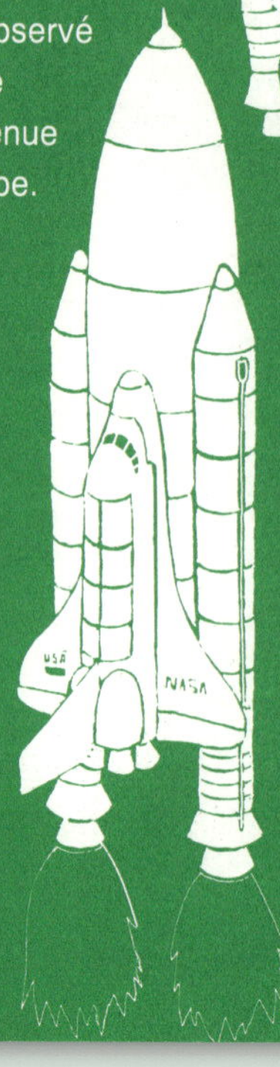

La navette décolle sous la poussée de ses deux fusées latérales.

Les fusées et le réservoir largués, la navette tourne autour de la terre et peut placer en orbite les satellites qu'elle transporte.

Trou noir
Reste invisible d'une très grosse étoile après son explosion.

Univers
Ensemble du monde connu et inconnu. Selon la théorie du big bang, il est en expansion : les galaxies s'éloignent les unes des autres, comme les raisins d'un cake qui gonfle en cuisant. A cause de cette expansion, nous n'en explorerons jamais les confins.

Vaisseau spatial
Véhicule des astronautes envoyés dans l'espace.

Voie Lactée
C'est la bande laiteuse (d'où son nom) que nous voyons dans le ciel la nuit et qui rassemble des étoiles. C'est notre galaxie.

Zodiaque
Zone du ciel formée de 12 constellations. Zodiaque signifie figure d'animal en grec, car beaucoup de constellations ont des figures d'animaux.

Masse
Quantité de matière d'un corps. Sur la Lune, notre masse ne change pas mais notre poids diminue.

Hydrogène
Le plus léger des gaz. On le trouve partout dans l'univers.

Lune
Dans bien des légendes, la Lune est présentée comme une déesse.
Les Egyptiens l'appelaient Isis, les Grecs Artémis.
On lui prête des pouvoirs étonnants : attraper un coup de lune rend fou, dit-on. Se couper les cheveux quand la Lune croît les ferait pousser plus vite ! Traiter quelqu'un de lunatique veut dire qu'il est changeant. On dit aussi d'une personne de mauvaise humeur qu'elle est mal lunée.

Lunette
Instrument grossissant qui utilise une lentille à travers laquelle passe la lumière.

Météore
Particule venue du ciel qui brûle avec une vive lumière en pénétrant dans notre atmosphère.

Météorite
Particule venue du ciel qui tombe sur Terre. Les plus grosses météorites sont des fragments d'astéroïdes brisés dans des collisions.

Méthane
Gaz formant un mélange explosif avec l'air. Dans les marais, il produit des petites flammes vertes qu'on appelle feux follets.

Mythologie
Ensemble des légendes d'un peuple. Beaucoup de dieux et de héros des mythologies grecque et romaine ont donné leur nom à des astres du ciel.

Hubble

Nébuleuse
Toutes les images floues du ciel furent longtemps appelées nébuleuses. Les vraies nébuleuses sont des nuages de gaz, certaines seront des pouponnières d'étoiles.

Orbite
Courbe que décrit un astre en se déplaçant autour d'un autre astre.

Planète
Corps sombre qui tourne autour d'une étoile.
Les planètes portent les noms de dieux grecs et romains.
Pour les Chinois, Jupiter s'appelle Etoile de Bois, Mars, Etoile de Feu, Vénus, Etoile d'Or et Mercure, Etoile d'Eau.

Pluton
Cette planète très petite est peut-être un satellite de Neptune, qui se serait échappé.

Pulsar
Reste d'étoile, surtout constitué de neutrons, particules neutres du noyau de l'atome.
Il tourne très rapidement sur lui-même.

Quasar
Objet céleste très lointain, très petit et très lumineux.

Etoile
Nous voyons les étoiles scintiller à cause de l'atmosphère qui nous entoure. Dans l'espace, elles ne scintillent pas. Sirius est l'étoile la plus brillante du ciel. Les étoiles récemment découvertes portent des numéros.

Etoile filante
Ce n'est pas une étoile mais un météore, un caillou qui brûle en entrant dans l'atmosphère. Ils sont nombreux au mois d'août. Pendant la nuit de la Saint-Laurent, ils sont appelés les larmes du Saint.

Etoile Polaire
Elle est notre point de repère parce qu'elle est fixe. Elle est située dans la constellation de la Petite Ourse. Autrefois, pour les Chinois, elle était l'empereur de toutes les étoiles. Pour les Mongols, une cheville d'or qui retenait le ciel. Et pour les Indiens, le temple d'un jeune prince.

Extraterrestre
Habitant d'une autre planète. Il n'y en a pas dans notre système solaire mais il est

possible qu'il y en ait dans un autre système. Depuis près de vingt ans, des messages radio sont envoyés dans l'espace, à leur intention.

Galaxie
Ensemble de milliards d'étoiles et de nuages de gaz et de poussière. Galaxie vient du mot grec *gala*, qui signifie lait. Les galaxies peuvent se heurter, fusionner, disparaître.

Giotto
Sonde qui frôla la comète de Halley et qui porte le nom d'un peintre italien du début du 14e siècle, Giotto : il représenta dans son tableau de *La Nativité* une comète. On suppose que c'était celle qu'Halley découvrit quelques siècles plus tard.

Gravitation universelle
Force par laquelle tous les corps s'attirent les uns les autres. Plus un corps est massif, plus sa force d'attraction est grande.

Grande Ourse
Constellation qui a plutôt la forme d'un chariot. Les Mongols, autrefois, voyaient plusieurs vieillards à la place d'un ours.

Les Chinois l'appellent Grande Casserole. Les Indiens Chumash, en Californie, l'appellent les Sept Garçons changés en oies.

Hélium
Gaz très léger : les ballons gonflés d'hélium s'envolent dans le ciel. Il fut découvert dans le Soleil. *Hêlios* veut dire soleil en grec.

Heure universelle
Celle du méridien zéro, qui passe à Greenwich, en Grande-Bretagne.

Comète photographiée en 1908

Atmosphère
Couche gazeuse qui enveloppe certaines planètes. Sans notre atmosphère, nous ne pourrions vivre sur Terre.

Axe de rotation
Ligne imaginaire qui traverse la Terre du pôle Nord au pôle Sud, et autour de laquelle elle tourne.

Big bang
Une formidable explosion aurait, il y a 15 à 20 milliards d'années, donné naissance à l'Univers et provoqué son expansion. Pendant les trois premières minutes après le big bang, l'hydrogène et l'hélium auraient été créés. Les premières galaxies seraient nées au bout de 2 ou 3 milliards d'années.

Boule de gaz
Les étoiles, comme le Soleil, sont composées d'hydrogène et d'hélium. Les planètes Jupiter, Saturne, Uranus et Neptune sont aussi constituées en grande partie de ces deux gaz. Mais elles sont trop petites pour devenir des étoiles.

Comète
Les comètes étaient appelées autrefois astres chevelus, à cause de leur traîne brillante. Chaque fois qu'une comète se rapproche du Soleil, une partie de sa glace fond. Elle finit par disparaître.

Constellation
Figure imaginaire qui regroupe des étoiles, comme la Grande Ourse, le Dragon. Des légendes sont souvent associées aux constellations. Celle d'Orion porte le nom d'un chasseur de la mythologie grecque, qui provoqua la colère d'Apollon, dieu du Soleil. Celui-ci persuada Artémis, déesse de la Chasse, de le tuer d'une flèche. Orion court toujours dans le ciel, fuyant l'arc d'Artémis tout en poursuivant les sept étoiles qui sont devant lui, les Pléiades, les filles du géant Atlas. Cette poursuite infernale durera toute l'éternité !

Cratère
Orifice d'un volcan ou dépression causée par la chute d'une météorite.

Eclipse
Autrefois, une éclipse de Soleil provoquait de grandes paniques. Les gens craignaient qu'il ne réapparaisse pas. En Inde, on croyait qu'un dragon le dévorait.

Explication d'une éclipse avec une balle, une sucette et une lampe de bureau

Mots à connaître

Anneau
Certaines planètes sont encerclées de morceaux de roches et de glace, allant du grain de poussière au bloc gros comme une maison. Ils tournent autour d'elles, formant des anneaux.

Année de lumière
En une seconde, la lumière franchit 300 000 kilomètres. En un an, 9 460 milliards de kilomètres : la mesure d'une année de lumière.

Arecibo
Le radiotélescope d'Arecibo, à Porto Rico, est surnommé « l'oreille de la terre ». Il « écoute » les étoiles proches.

Astéroïde
Très petite planète. Des astéroïdes circulent entre Mars et Jupiter. Un astéroïde d'un kilomètre de diamètre frôlera la terre vers l'an 2000. Il a été appelé Toutatis, du nom d'un dieu des Gaulois. Ceux-ci craignaient que le ciel leur tombe sur la tête !

Astre
Les planètes et les étoiles sont des astres ainsi que tous les autres corps célestes.
Chaque jour de la semaine est associé à un astre :
Lundi : jour de la Lune,
Mardi : jour de Mars,
Mercredi : jour de Mercure,
Jeudi : jour de Jupiter,
Vendredi : jour de Vénus,
Samedi : jour de Saturne,
Dimanche : jour du Soleil.

Astronaute
Passager d'un vaisseau spatial. Les Russes disent cosmonaute.
Le premier homme de l'espace fut Youri Gagarine : en 1961, il fit un tour de Terre.

Astronome
Scientifique qui étudie le ciel.

Astrologue
Personne qui croit pouvoir prédire l'avenir des hommes à partir de l'influence des astres, et en particulier du Zodiaque.

Astronaute dans l'espace relié à son vaisseau

INDEX

Dragon chinois

Chronologie

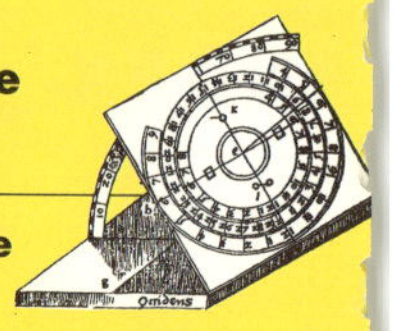

Cadran solaire du 16e siècle

	Préhistoire – 2 millions / Antiquité – 4 000 à 476	Moyen Age 476-1492	Renaissance 1492-1600
Ciel	**– 1650** Plus ancien texte babylonien d'astronomie **– 350** Traité du ciel d'Aristote **– 140** Hipparque, astronome grec, établit le premier catalogue d'étoiles	**140** Ptolémée rédige «l'Almageste» et place la Terre au centre du monde **1100** Renouveau de l'astronomie en Occident	**1543** Mort de Nicolas Copernic qui place le Soleil au centre du monde et fait tourner la Terre autour de lui **1572** Tycho Brahe observe une étoile nouvelle
Sciences et Nature	**–1,8 millions d'années** Premiers outils de pierre **– 500 000** Conquête du feu **– 4000** Premiers objets de métal **– 1800** Les Babyloniens inventent les tables de multiplication	**500** En Inde, les mathématiciens inventent le zéro et les nombres décimaux **868** Premier livre imprimé en Chine avec des blocs de bois gravés **1030** Première école de médecine à Salerne en Italie **1450** Gutenberg invente l'imprimerie	**1509-1590** Ambroise Paré, père de la chirurgie moderne **vers 1520** Café, chocolat et tabac sont introduits en Europe, ainsi que les dindons
Arts	**v. – 15000** Peintures de la grotte de Lascaux **– 2650** Construction de la pyramide de Chéops en Egypte **v. – 2000** Menhirs de Stonehenge **– 285** Construction du phare d'Alexandrie, dans l'île de Pharos	**785** Grande mosquée de Cordoue en Espagne **1023** Mont Saint-Michel **1067** Tapisserie de Bayeux, première bande dessinée **1174** Tour de Pise **1194** Cathédrale de Chartres **1337** Mort du peintre italien Giotto	**1477** «Printemps» de Botticelli **1507** «La Joconde» de Léonard de Vinci **1512** Michel Ange peint les plafonds de la Chapelle Sixtine **1530** Construction du château de Chambord
Musique Spectacles	**v. – 60 000** Premières flûtes en os **v. – 3250** Invention de l'écriture **v. – 450** Naissance du théâtre grec		**1548** Premier théâtre ouvert à Paris dans l'hôtel de Bourgogne **1563** Premier concert public payant **1567** Naissance de la Commedia dell'arte
Littérature	**– 800** Homère, poète grec, écrit l'«Iliade» et l'«Odyssée» **– 450** Hérodote écrit l'«Histoire des hommes» **– 442** «Antigone» de Sophocle		**1520** Bibliothèque Royale de France créée à Fontainebleau **1532** «Gargantua» de Rabelais
Histoire	**– 776** Naissance des jeux Olympiques à Olympie en Grèce **– 753** Fondation de Rome **– 58** Jules César envahit la Gaule **– 4** Naissance du Christ	**476** Chute de l'Empire romain. **481** Clovis, roi des Francs **800** Charlemagne empereur **1096-1270** Croisades **1337** Guerre de Cent Ans **1348** La peste noire ravage l'Europe **1453** Chute de Constantinople	**1492** Christophe Colomb découvre l'Amérique. **1515** Bataille de Marignan **1517** En Allemagne, naissance de la religion protestante (Réforme) **1519** Magellan entreprend le premier tour du monde

Fusée Ariane

17e siècle	18e siècle	19e siècle	20e siècle
1609 Galilée utilise une lunette **1605** Lois des mouvements des planètes de Kepler **1667** Observatoire de Paris **1682** Halley observe sa comète **1687** Loi de la gravitation universelle de Newton	**1750** Thomas Wright montre que la Voie Lactée est une roue d'étoiles **1775** William Herschel observe le ciel avec ses grands télescopes **1781** Herschel découvre par l'observation la planète Uranus	**1845** Lord Rosse découvre que la nébuleuse des Chiens de Chasse est une galaxie **1846** Le Verrier découvre par le calcul une nouvelle planète, Neptune	**1929** Edwin Hubble découvre que l'Univers est en expansion **1930** Découverte de Pluton **1956** Gagarine, premier homme dans l'espace **1969** On marche sur la Lune **1990** Le télescope Hubble est envoyé dans l'espace
1618 Invention du microscope **1656** Première horloge à pendule du Hollandais Huygens **1663** Le physicien danois Steno démontre que le cœur est un muscle **1687** Denis Papin invente la machine à vapeur	**1735** Le botaniste suédois Linné invente la classification des animaux et des plantes **1752** Benjamin Franklin invente le paratonnerre **1743-1794** Lavoisier, fondateur de la chimie moderne **1783** Première «montgolfière» des frères Montgolfier	**1800** Premier train à vapeur **1823** Invention de la photographie par Niepce **1876** Invention du téléphone par Graham Bell **1878** Invention de l'ampoule électrique par Thomas Edison **1885** Invention du vaccin contre la rage par Louis Pasteur **1889** Tour Eiffel	**1903** Invention de l'avion **1905** Théorie de la relativité d'Einstein **1928** L'Ecossais Fleming découvre la pénicilline. **1936** Télévision en noir et blanc **1948** Premier ordinateur
1609 «Adoration des mages» de Rubens **1632** «Leçon d'anatomie» de Rembrandt **1658** «La laitière» de Vermeer **1661** Début de la construction du château de Versailles par Louis XIV	**1717** «l'Embarquement pour Cythère» par Watteau **1740** «Le Triomphe de Vénus» par Boucher **1740** Observatoire de Jaipur en Inde	**1842** «Navire en feu dans la tempête» de Turner **1888** «Les Tournesols» de Van Gogh **1892** «Cathédrale de Rouen» de Monet **1895** Naissance du cinéma **1899** «Les Grandes Baigneuses» de Cézanne	**1908** «Paysage à la tour» de Kandinsky **1922** «Les Carrés magiques» de Klee **1936** «Guernica» de Picasso **1940** Découverte de la grotte de Lascaux
1607 L'Italien Monteverdi écrit le premier opéra, «Orféo» **1661** Lully surintendant de la musique de Louis XIV **1666** Premiers violons de Stradivarius	**1723** «Magnificat» de J.S. Bach **1725** «Les Quatre Saisons» de Vivaldi **1787** «la Petite Musique de nuit» de Mozart	**1824** «Neuvième Symphonie» de Beethoven **1845** « Tannhäuser », opéra de Wagner	**v.1900** Naissance du jazz **1902** «Voyage dans la Lune» de G. Méliès **1913** Premier film de Charlie Chaplin **1928** Mickey Mouse, premier dessin animé de Walt Disney **1955** Naissance du rock'n roll
1603 «Hamlet» de Shakespeare **1605** «Don Quichotte» de Cervantès **1643** Molière fonde L'Illustre-Théâtre **1657**«Etats et empires de la Lune» de Cyrano de Bergerac **1668** «Fables» de La Fontaine	**1719** « Robinson Crusoé » de l'Anglais Daniel Defoe **1726** «Les Voyages de Gulliver» de Swift **1734** «Letres philosophiques» de Voltaire **1775** « Faust » de Goethe **1784** « Le Mariage de Figaro» de Beaumarchais	**1862** « Les Misérables » de Victor Hugo **1865** « Alice au pays des merveilles » de Lewis Caroll **1865** « De la Terre à la Lune» de Jules Verne **1897**«Cyrano de Bergerac» d'Edmond Rostand	**1901** «Les Premiers Hommes dans la Lune» de H.G. Wells **1943** « Le Petit Prince » d'Antoine de Saint-Exupéry **1946** « L'Opéra de la Lune» de Jacques Prévert **1950** « Chroniques martiennes» de Ray Bradbury
1643 Louis XIV, roi de France **1648** Fronde, révolte contre Mazarin **1666** Fondation de l'Académie royale des sciences **1682** Pierre le Grand, tzar de Russie.	**1715** Louis XV roi de France. **1774** Louis XVI roi de France. **1776** Indépendance de l'Amérique **1789-1799** Révolution française	**1804** Sacre de Napoléon **1861-1865** Guerre de Sécession aux Etats-Unis **1896** Premiers jeux Olympiques modernes à Athènes	**1914-1918** Première Guerre mondiale. **1917** Révolution russe **1939-1945** Seconde Guerre mondiale **1991** Guerre du Golfe

Satellite européen de communication EC51

Illustrateurs
Couverture P.-M. Valat. **12m, 25h, 25b, 26b, 27b** C. Broutin. **7hd** J.-P. Chabot. **6, 10m, 14bg, 15hg, 15md, 15bg, 15b, 24hd, 24b** H. Galeron. **26b, 28mg, 28bg, 29md, 30h, 30g, 30d, 30bd, 31hg, 31hd, 31bg, 31** (livret), **32** D. Grant. **8hg, 8hd, 8b, 9hg, 9hd, 9b, 8-9** (transparent), **10-11** (demi-page), **11hg, 11hd, 11m, 11bd, 16h, 16b, 17hg, 17hd, 17b, 18bg, 19b, 20hg, 21hd, 21m, 21b, 22-23** (demi-page), **23b, 23h, 26m, 27m, 29hd, 29mg** D. Moignot. **2, 33 à 48** M. Pommier. **5** (demi-page), **29hd, 29bd, 29bg** P.-M.Valat. **28-29** Cartographie de P. Mérienne, illustration de H. Galeron.

Crédits photographiques
4. col g Bibl. nat., Paris. **4. col d** Illustrations in *Le Livre d'heures d'Antoine de Navarre,* 15ᵉ siècle. Bodleian Library, Oxford/Edimédia, Paris. **7h** Musée de la Science, Florence/Scala, Florence. **7b** Pol de Limbourg *Les Très Riches Heures du duc de Berry,* février, 15ᵉ siècle. Musée Condé, Chantilly/Giraudon, Paris. **9h** D.R. **9m** Archiv für Kunst und Geschichte, Berlin. **9b** Bibl. du musée de l'Homme, Paris. **10bg** Gravure in *De la Terre à la Lune,* Jules Verne, éditions Hetzel. **10** (demi-page) **hd** D.R. **12bg** Bibl. nat., Paris. **13hd** Archives Gallimard, Paris. **13m, 13bd** Archives Larousse, Paris. **14hg** Coll. E.S./Explorer Archives, Paris. **14mg** Mary Evans/ Explorer Archives. **15** (dépliant) © agence Iceberg Bozell, Paris. **16bg** Gravure in *Astronomie populaire,* 1855, éditions C. Flammarion. **17mg** (autocollant) Archives Larousse. **17mg, 18h, 19mg, 21bg** Nasa/Ciel et Espace, Paris. **19 hd, 19hd** (autocollant), **19 hg, 19hg** (autocollant), **22d, 23g, 23hd, 28 col. d,** Nasa, Washington. **20b** Bibl. nat., Paris. **21hg** Illustration in *Le Ciel* de A. Guillemin, 1877, éditions Hachette. **22hg** Bibliothèque de l'Observatoire, Paris. **26h** Astronomic Society of the Pacific. **27h** ESA, Paris. **29hg** D.R. **31bd** M. Lambray/Sygma, Paris. **35d** gravures in *Le Ciel* de A. Guillemin, op. cit.. **37** illustration in *Histoire de la fusée,* coll. Découverte de la Science. **38b** Nasa. **40h, 47b, 48** illustration in *Histoire de l'astronomie,* coll. Découverte de la Science. **44d** Dimensions comparées des planètes in *Astronomie populaire,* op. cit..

Remerciements
Jakkie Foster, NASA. L'agence Iceberg Bozell pour son aimable autorisation à reproduire l'illustration du système solaire p. 15.

Avez-vous trouvé le bon emplacement de chaque autocollant?
Nᵒˢ 1 à 12 page 4 / nᵒˢ 21 et 22 p. 9 / nᵒ 13 p. 11 / nᵒˢ 16 et 18 p. 17 / nᵒ 17 p. 18 / nᵒˢ 14, 15, 20 et 23 p. 19 / nᵒ 19 p. 31.

Titres disponibles dans la même collection :

Série Musique et Spectacles
La musique des instruments

Série Arts plastiques
L'invention de la peinture

Série Sciences
Le feu, ami ou ennemi ?

Loi n. 49-956 du 16 juillet 1949 sur les publications destinées à la jeunesse
ISBN: 2-07-056830-X

1ᵉʳ dépôt légal: février 1993
Dépôt légal: juin 1994
Numéro d'édition: 68442
Imprimé in Italie, par la Editoriale Libraria

Direction
Pierre Marchand
Rédaction, iconographie
Diane Costa de Beauregard, Catherine de Sairigné-Bon, assistées d'Isabelle Guillard
Graphisme
Anne Boyer, Concetta Forgia, Raymond Stoffel
Coordination illustrateurs
Anne de Bouchony
Conseiller
Jean-Pierre Verdet, astronome à l'Observatoire de Paris.